微信小程序开发入门精要

李宁 编著

人民邮电出版社
北京

图书在版编目（C I P）数据

微信小程序开发入门精要 / 李宁编著. -- 北京 : 人民邮电出版社, 2017.5
ISBN 978-7-115-45245-0

Ⅰ. ①微… Ⅱ. ①李… Ⅲ. ①移动终端－应用程序－程序设计 Ⅳ. ①TN929.53

中国版本图书馆CIP数据核字(2017)第068349号

内 容 提 要

本书系统全面、循序渐进地介绍了进行微信小程序开发的各方面知识、经验和技巧。本书内容包含目前微信小程序支持的所有组件和 API 的详细介绍，以及使用方法演示，并附有大量的实例代码。除此之外，还增加了一些高级 UI 技术的介绍，例如 WeUI、wx-charts 等，这些高级 UI 技术会使开发工作事半功倍。本书的最后提供了完整的微信小程序项目案例，可以让读者在全面深入地了解了微信小程序开发的知识和技巧后，达到学以致用的目的。

本书内容通俗易懂，深入浅出，是微信小程序初学者的入门首选，也是微信小程序开发者的进阶必备！

◆ 编　　著　李　宁
责任编辑　张　涛
执行编辑　张　爽
责任印制　焦志炜

◆ 人民邮电出版社出版发行　北京市丰台区成寿寺路 11 号
邮编　100164　电子邮件　315@ptpress.com.cn
网址　http://www.ptpress.com.cn
固安县铭成印刷有限公司印刷

◆ 开本：800×1000　1/16
印张：15　2017 年 5 月第 1 版
字数：362 千字　2024 年 7 月河北第 5 次印刷

定价：55.00 元

读者服务热线：(010)81055410　印装质量热线：(010)81055316
反盗版热线：(010)81055315

前　　言

我虽然在微信公众号、Android、iOS 方面有多年的开发经验，对这些系统非常了解，也写过多本关于 Android 技术的书，但还是第一次专门写与微信相关的技术书。微信小程序于 2017 年 1 月 9 日正式上线发布，但到目前为止，开发工具和系统库仍然在不断更新中。本书从开始写作到正式出版，与小程序相关的技术可能已经被更新多次了，因此，我在写作本书时，要时刻关注与小程序相关的技术和工具的最新进展，以保证本书在出版时能够使用较新的微信小程序 IDE 和开发库。这与写作 Android 和 iOS 的书有很大的不同，Android 和 iOS 通常是要一年进行一次大的更新，而微信小程序的更新频率可能是一周或更短。如果读者在拿到本书时发现微信小程序已经有了更新的版本，一定程度上并不影响本书的阅读，因为微信小程序的升级会尽量保持向下兼容。但可能有少部分的代码会出现问题，读者可通过“源码下载和技术交流”处的二维码进入微信公众号提问，或到我的个人博客 http://geekori.cn 中提问及得到最新的源程序。

由于微信活跃用户已经超过 7 亿，因此腾讯在微信上推出的产品都会被庞大的用户群体所关注，尤其是可能成为一种颠覆技术的微信小程序。尽管微信小程序未提供独立入口，但这并不影响大家对微信小程序的关注。

因为微信小程序在技术上与微信公众号有着本质的不同，前者是基于本地组件的，后者实质是在手机上运行的 Web 程序，所以在性能和用户体验方面，微信小程序更具优势。虽然现在可使用的微信小程序数量仍然远没有微信公众号多，但这只是暂时的。当广大企业和程序员发现微信小程序的潜力后，以及随着新型的开发工具问世，会有各种类型的微信小程序大量涌现，到时再学习微信小程序的开发，恐怕就赶不上第一拨红利了。因此，现在正是学习它的最好时机。

尽管微信小程序的主要开发语言是 JavaScript，但由于其 UI（wxml 文件）需要依赖类似于 CSS 的样式（wxss）设计，而且 wxss 和 CSS 非常相似，几乎可以互相替代，因此，对 CSS 的掌握程度在很大程度上决定了是否能设计出更绚丽的微信小程序。所以，和微信公众号一样，要想进入微信小程序开发领域，就要对 CSS 有一定的了解。由于本书的主题是微信小程序，所以并不会对 CSS 有深入的讲解。如果读者感觉阅读样式文件（wxss）有些困难，建议先阅读一些 CSS 入门类的书籍，这样对阅读本书会起到事半功倍的效果。

开发微信小程序必备的两种技术是 JavaScript 和 CSS，如果你对这两种技术都有一些了解，那么可以尽情阅读本书的内容！本书会让你对程序开发模式有一个全新的认识。如果你对这两种技术不太熟悉也没有关系，因为 JavaScript 和 CSS 都非常简单易学，可以一边查找学习资料，一边学习，也会非常快的，这时谷歌或百度就会成为你最好的老师，你也可以通过微信公众号与我探讨相关的技术。现在就让我们进入微信小程序的开发殿堂吧！

读者对象

本书内容通俗易懂，由浅入深，既适合初学者，也同样适合专业人员。学习本书之前，要拥有一个微信账号，除此之外，需要有一定的编程基础，最好会一点 JavaScript 和 CSS。

阅读本书时，你可以根据自身的情况来决定如何阅读。如果你是初学者，对微信小程序完全不了解，建议从第 1 章开始阅读，这样会很容易理解本书的内容。如果你已经阅读过其他相关文章，对微信小程序有一定的了解，那么可以从本书选取任何你感兴趣的内容阅读。温馨提醒，很多章节都有大量的精彩代码和经验总结，千万不要错过！

本书内容

本书全面系统地介绍了微信小程序各方面的开发技术，并提供了大量的精彩代码和案例。全书主要内容如下。

微信小程序入门，包括第 1～第 2 章，主要介绍了什么是微信小程序，微信小程序开发环境的配置和布局，并开发了本书的第一个微信小程序（从开发到发布的全过程演示）。

组件，包括第 3～第 8 章，主要介绍了微信小程序目前支持的原生组件，通过这些组件以及样式的配合，可以设计出千变万化的微信小程序。

API，包括第 9～第 15 章，主要介绍了微信小程序目前支持的原生 API，包括网络、多媒体、数据存取、位置、设备、界面等内容。

WeUI，包括第 16～第 17 章，介绍了微信官方推出的一套基础样式库，利用这套基础样式库，可以很容易地设计出炫酷的微信小程序 UI。

项目实战，包括第 18～第 21 章，给出了 3 个微信小程序项目，以及一个 wx-charts 图表样式库的应用。通过学习这些项目，读者可以掌握开发一款完整的微信小程序的一般步骤。开发微信小程序并不需要完全从零开始，目前已经有很多开源库可以使用，例如 wx-charts，这些开源库可以让开发工作事半功倍。

源码下载和技术交流

本书的源代码、勘误和最新内容的更新都将通过微信公众号提供，读者既可以扫描下面的二维码进入微信公众号，也可以加入本书作者的技术交流 QQ 群（264268059）探讨微信小程序的开发技术。

作者

目　录

第1章　微信小程序入门

微信小程序是腾讯在2016年9月推出的一种新型的微信扩展。尽管目前还没有正式开发，但依然受到了非常多的关注。这主要是由于腾讯的影响力，以及微信在国内拥有的庞大的用户群体。在2017年1月9日，腾讯已经正式上线了小程序，这意味着任何人都可以在手机微信中使用小程序。由于目前小程序的数量还不多，所以现在进入小程序开发领域，可能会赶上小程序的第一拨红利。OK，废话少说，从本章开始，让我们深入了解微信小程序的原理以及详细的开发过程。

本章要点

- 什么是微信小程序
- 注册小程序账号
- 获取小程序的 AppID
- 设置小程序信息
- 配置微信小程序的开发环境
- 微信小程序的结构
- 开发第一个微信小程序：猜拳游戏

1.1 什么是微信小程序

微信小程序刚一公布，朋友圈就被微信小程序刷爆了！“微信之父”张小龙说：“小程序是一种不需要下载安装即可使用的应用，它实现了应用“触手可及”的梦想，用户扫一扫或搜一下即可打开应用。这也体现了‘用完即走’的理念，用户不关心是否安装太多应用的问题。应用将无处不在，随时可用，但又无需安装卸载”。

我也看了网上的一些关于微信小程序的文章，但内容质量良莠不齐。好吧，我就通过本节让大家了解一下什么是微信小程序，以及微信小程序到底能为我们带来什么。

由于之前有微信公众号，而公众号里面的程序其实就是将移动 Web（主要是 HTML5、CSS、JavaScript 等技术）嵌入到微信中，当然，会调用一些微信提供的 API。所以很多人自然而然会想到微信小程序用的也是 HTML5。但事实是，微信小程序和 HTML5，甚至和 Web，没有任何关系。因为 Web 的性能低下，尤其对于那些追求完美的人，在手机上使用 Web 简直不能忍受。千万别说，等以后手机性能发展到和现在的 PC 一样就好了，估计等到那时候，会出现比手机更小巧，当然，性能也更差的设备。如果手机成为了 PC，那么这些新出现的设备将会取代现在手机的位置。就像人们永远等待新产品降价再买，但等到这些产品真降价了，又会有更好的产品问世，很难等到既享受新产品，同时又享受低价的时候。

既然说微信小程序和 Web 一点关系都没有，那么有什么证据呢？这一点从微信小程序官方文档的描述中就可以看出。感兴趣的读者可以通过下面的地址查看微信小程序官方文档。

https://mp.weixin.qq.com/debug/wxadoc/dev/

微信小程序主要由 3 个全局的文件和一些与页面有关的文件组成，全局文件包括 app.js、app.json 和 app.wxss。其中，app.js 是 JavaScript 文件，用于编写全局的事件，例如微信小程序启动时要执行的代码，类似于 iOS 工程中 AppDelegate.m 文件的作用；app.json 用于配置微信小程序，例如由哪些页面组成，类似于 Android 工程中 AndroidManifest.xml 文件的作用；app.wxss 是公共样式表，用于设置整个工程都可以使用的样式，类似于 Android 中的 theme 或 style 资源，全局都可以使用。

可能有人会问，微信小程序不是使用了 JavaScript 吗？难道和 Web 没有关系？这里需要明确，JavaScript 只是一种语言，未必用在 Web 上，JavaScript 同样可以用在服务端，如 Node.js，当然也可以用在移动端，作为独立的语言运行。

微信小程序的页面部分由 4 个文件组成，这里的页面实际上就是窗口。假设页面名字为 index，那么该页面由 index.js、index.wxml、index.wxss 和 index.json 组成。index.js 用于编写页面的逻辑代码；index.wxml 是腾讯自己设计的一种标记语言，可以称为微信标记语言，用于描述 UI；index.wxss 是针对该页面的样式表，是私有的；index.json 是针对页面的配置文件。

这里关键点是 index.wxss，用过 React Native 的读者应该很熟悉 JSX，它是一种描述 UI 的类 XML 语言。其基本原理是通过 XML 文件描述 UI，并动态创建原生的 UI。例如，React Native 用 View 来描述顶层视图，用 Text 来描述文本输出控件，那么我们可以使用下面的代码来模拟这一动态创建过程。

Android：

```
View component = null;
if(tag == "View")
{
   component = new ViewGroup(…);
}
else if(tag == "Text")
{
   component = new TextView(…);
}
```

iOS：

```
UIView *component;
if(tag == "View")
{
   component = [UIView new];
}
else if(tag == "Text")
{
   component = [UILabel new];
}
```

上面描述的是基本的动态创建组件的过程，当然，实际的实现过程要比这个复杂得多，这里只做了原理上的描述。很显然，系统会根据不同平台，以及在 JSX 中的描述，生成不同的原生组件。

React Native 使用的是 JSX，类似地，微信小程序使用的是 wxml（微信标记语言），它是一种腾讯自己设计的类 JSX 的语言，下面是 wxml 的代码示例。

```
<view class="container">
  <view  bindtap="bindViewTap" class="userinfo">
 <image class="userinfo-avatar" src="{{userInfo.avatarUrl}}" background-size="cover"
></image>
     <text class="userinfo-nickname">{{userInfo.nickName}}</text>
   </view>
   <view class="usermotto">
     <text class="user-motto">{{motto}}</text>
   </view>
 </view>
```

下面则是 JSX 的代码示例。

```
<View style={{flex:1}}>
    <DrawerLayoutAndroid
    ref={drawerLayoutAndroid  => { this.drawerLayoutAndroid = drawerLayoutAndroid; }}
 drawerWidth={150}
    drawerPosition={DrawerLayoutAndroid.positions.left}
     renderNavigationView={() =>navigationView}>
    <View style={{flex: 1, alignItems:'center'}}>
       <Text style={{margin: 10, fontSize: 15, textAlign: 'right'}}>我是主布局内容
</Text>
       </View>
 </DrawerLayoutAndroid>
 <View style={{flexDirection:'row'}}>
   <Text style={{flex:1}} onPress={this.onPress.bind(this)}>Open</Text>
  <Text style={{flex:1}}
onPress={()=>this.drawerLayoutAndroid.closeDrawer(0)}>Close</Text>
   </View>
</View>
```

从上述的两段代码可以看出，JSX 和 wxml 非常相似，只是具体的组件名称和命名风格不同。例如，JSX 所有组件名称首字母都大写（例如 Text），而 wxml 所有组件名称首字母都小写（例如 text），此外，组件属性也有一定的差异。

不管 JSX 和 wxml 的代码风格是否一样，系统处理它们的原理都是一样的，即根据这些代码自动生成原生的组件，就像前面描述的动态创建原生组件的过程一样。

尽管小程序本身和 HTML5 无关，但"微信 Web 开发者工具"（开发小程序的 IDE）本身却和 HTML5 有很大的关系。开发"微信 Web 开发者工具"的技术是 NW.js（node-webkit）,这是一种允许使用 HTML5、CSS 和 JavaScript 开发跨平台（Windows、Mac OS X 和 Linux）桌面应用的框架，和 NW.js 类似的框架是 Electron（Github 主导的开源项目），用 Electron 开发的著名项目包括 Atom IDE、Visual Studio Code、WordPress 等。也就是说，不管是 NW.js，还是 Electron，都足够强大，以至于可以开发 IDE 和很多系统软件。尽管这两个框架都使用了 HTML5 作为 UI 描述，但在 PC 上，HTML5 的性能表现良好（毕竟 PC 的 CPU 足够强大）。如果读者对使用 Web 技术开发跨平台桌面应用感兴趣，可以关注我的博客（http://geekori.cn），我会不定期推出相关的技术文章。

1.2 原生热布局

尽管本书的主题是微信小程序，但这里还要提一下原生热布局的概念。由于目前移动平台主要有 Android 和 iOS，但这两个平台使用的开发技术完全不同（前者主要使用 Java，后者主要使用 OC 或 Swift），所以就需要有一种可以同时开发两种平台的技术，这样理论上可以节省一半的开发成本。

以前比较流行的技术是混合开发（Hybird），这种技术很简单，就是 HTML5+CSS+JavaScript 的结合。和木桶原理一样，木桶装多少水，是由最短那个木板决定的，而在这三者组合中，HTML5 就成为那个短板，降低了 Hybird 的整体性能。

对于 Hybird 技术，我们只需要其中的两个优势：跨平台和热更新。跨平台很好理解，各个平台都会有 Web 浏览器，而热更新主要是逻辑代码和 UI 布局的热更新。在逻辑代码方面，热更新用 JavaScript，这里主要讨论 UI 布局的热更新。在 Hybird 时代，使用的是 HTML5 和 CSS，它们进行热更新没问题，但性能有问题。如果把 HTML5 组件和原生的组件放到同一个窗口，就可以感觉到它们的不同。所以现在的主要焦点在于 UI 布局可以实现热更新，性能达到或接近原生组件。HTML5 达到了前者的要求，但没有达到后者的要求。我们知道，Android 布局使用了 Layout，iOS 布局使用了 storyboard，不管是哪种技术，都不支持热更新，都是固化到 apk 和 ipa 文件中的。不过这两种技术都支持动态创建组件，所以 React Native 率先推出了利用 JSX 描述组件的位置、尺寸以及其他属性，然后再根据这些属性动态创建本地组件的技术。JSX 会生成一种中间状态，我们可以称为虚拟 DOM（Virtual DOM），其实就是一种中间组件而已，然后系统会根据运行平台的不同（Android 或 iOS），将其动态生成不同平台的原生组件，这样很容易实现热更新。因为 JSX 就是个普通的文本文件，可以很容易地从网络上下载，这一点和 HTML5 相同。由于组件都是动态创建原生的，所以和在 Layout、storyboard 中定义的静态原生组件的性能相同，因此，很容易解决前面描述的问题。我们也可以把这种利用 XML 或其他格式描述 UI 布局，并实现动态生成原生组件的技术称为原生热布局。

微信小程序借鉴了 React Native 的原理。不同的是，React Native 是通用的，而且可以随意扩展。而微信小程序必须运行在微信提供的架构上，是一种寄生的原生热布局。

除了 React Native 和微信小程序，还有阿里巴巴的 Weex，这是阿里巴巴前端团队发布的一个开源框架，有兴趣的读者可以到 http://alibaba.github.io/weex 这个地址研究这些框架。也是用了类似 Virtual DOM 的技术，可以三位一体（Android/iOS/HTML5），React Native 对应的 React.js 可以生产 HTML5，微信小程序理论上也可以。希望以后能推出类似的技术，在开发微信小程序的同时，也可以同时开发基于 HTML5 的微信公众号（目前腾讯推出的最新小程序 IDE 已经支持类似的功能了，不过功能不算太强）。

通过原生热布局的应用，App 的性能完全可以和原生 App（其实就是动态生成的原生组件）相媲美，目前已经有很多类似的框架问世，以后可能会更多。相信这些原生热布局的方式会在今后很长一段时间内成为跨平台开发的主流，因为它的"颜值"实在太高了！

1.3 注册小程序账号

在开发小程序之前，需要注册一个小程序账号，并用与账号绑定的手机微信扫描开发工具的二维码才能登录开发小程序的 IDE（将在 1.4 节介绍）。

首先进入如下地址的页面。

https://mp.weixin.qq.com

如果已经用微信公众号登录，请注销。然后单击右上角“立即注册”链接，进入注册页面。该页面有如图 1-1 所示的 4 个注册选项，分别是订阅号、服务号、小程序和企业号。

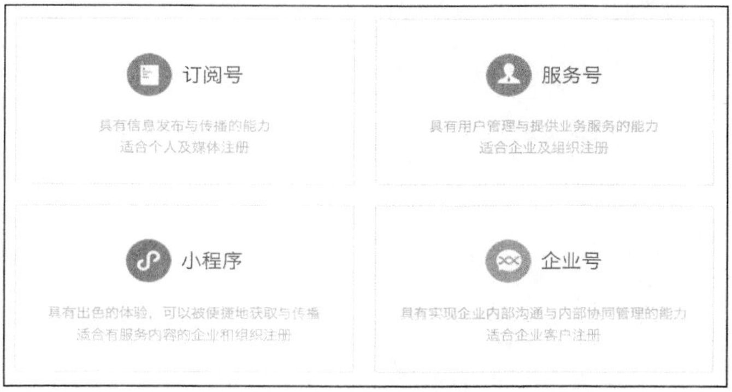

▲图 1-1　注册类型

也就是说，这 4 个注册类型需要使用 4 个不同的账号，如果读者已经有了订阅号或其他账号，仍然需要再次注册小程序账号。

现在单击“小程序”选项，系统会让你输入邮箱、密码、验证码等信息，这些都是注册的常规流程，这里不再赘述。然后单击下方的“注册”按钮，系统会发送一封电子邮件到你输入的邮箱中，单击邮件中的链接，会进入填写注册信息页面。目前小程序的账号注册并不对个人开放，只对如图 1-2 所示的 4 种类型的组织开放。

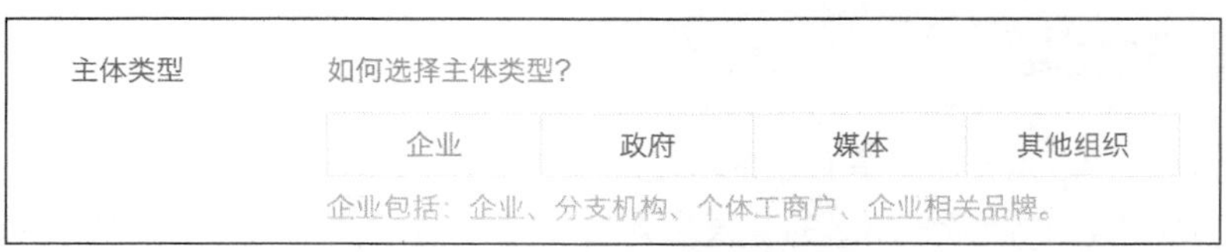

▲图 1-2　小程序账号支持的组织类型

如果读者有自己的企业，或是为单位注册，可以选择相应的类型。选择其他类型需要相关的资质证明，如果选择企业需要企业营业执照等信息。

在注册的过程中要用企业账户向腾讯官方提供的账号打款 0.06 元进行验证（要求在 10 天之内打款，否则验证失败，注意只能是 0.06 元）。不管验证是否成功，钱款都会退回到原来的企业账户。验证是自动的，但并不是实时的。腾讯的服务端应该是隔一段时间进行一次验证，可能会等几个小时，请耐心等待。

在验证通过之前，仍然可以用注册的邮箱登录小程序后台，但无法获取小程序的 AppID。验证通过后，会通过站内短信（在小程序后台右上角）进行通知。要注意的是，登录小程序后台的过程中要使用手机微信扫描二维码进行登录，请用管理员的微信扫描登录小程序后台。

当成功注册小程序账号后，可以进入 https://mp.weixin.qq.com 页面进行登录，登录的过程中需要使用管理员的手机微信扫描二维码。刚登录进入小程序的后台管理页面，会看到如图 1-3 所示的主页面，左侧是一排功能菜单，单击右下角的“前往发布”可以发布小程序（在本章后续内容中会介绍）。

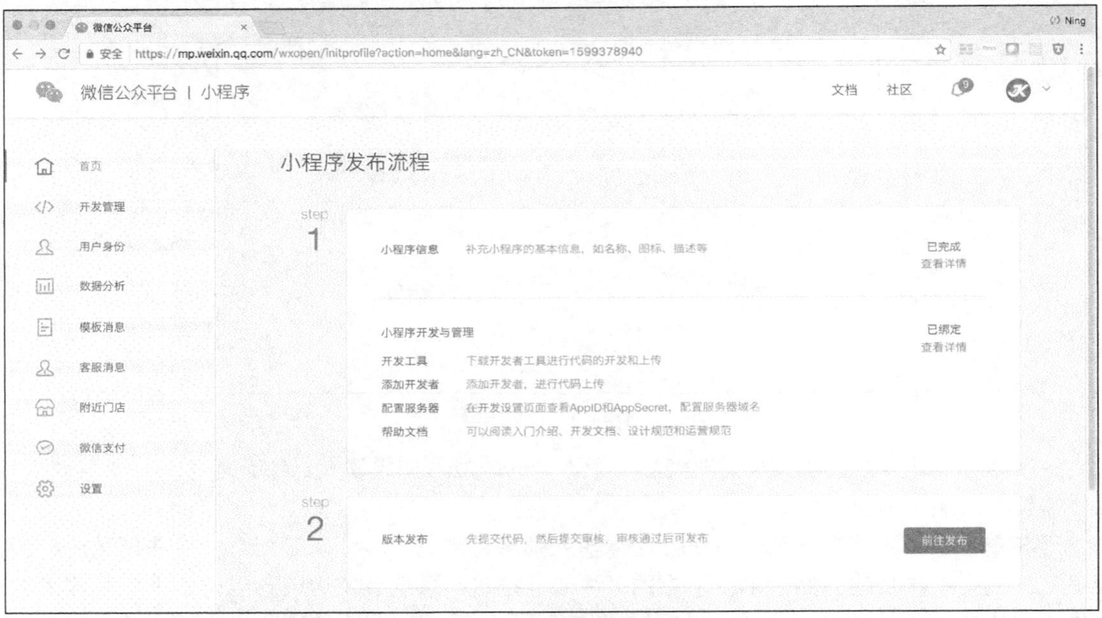

▲图 1-3　小程序后台管理主页面

1.4 获得 AppID

尽管开发小程序 AppID 并不是必须的，但如果要在真机上测试小程序，以及发布小程序，就必须要用到 AppID 了。这就和 Apple 的开发者账号一样，如果不花 99$/年的费用购买开发者账号，你就只能在 iOS 模拟器上玩玩了。当然，小程序的 AppID 是不收费的，只要注册者满足资质，就可以免费注册，并获得 AppID。

如果读者按着上一节的步骤成功注册了小程序账号，并登录到小程序后台管理页面。单击左下角的“设置”链接，在右侧单击“开发设置”选项卡，可以看到“开发者 ID”列表，第一项“AppID（小程序 ID）”后面就是 AppID，如图 1-4 所示。

▲图 1-4　AppID

这是我做的一个小程序（极客题库）的 AppID，不过就算大家知道了这个 AppID 也用不了，因为登录时需要用管理员的微信扫描才可以，或者成为该项目的开发者，否则是无法使用别人的 AppID 的。

1.5 设置小程序信息

即使有了 AppID，也不能立即发布小程序，在此之前，还需要设置小程序的基本信息。单击“设置”链接，在右侧单击“基本设置”，会出现一些设置项，如小程序名称、小程序头像等。设置完成后，会出现类似图 1-5 所示的信息。

▲图 1-5　小程序基本设置

当小程序发布后，如果想让别人使用你的小程序，最简单的方式就是提供小程序的二维码。单击图 1-5 所示页面“二维码”右侧的“下载更多尺寸”，可以下载不同尺寸的二维码。图 1-6 是“极客题库”的二维码，大家可以扫一扫，看看能不能运行小程序。

▲图 1-6　“极客题库”小程序二维码

1.6 开发第一个微信小程序

本节将从零开始开发一款微信小程序。该程序是一个猜拳游戏，功能很简单，单击“开始”按钮后，会快速切换“锤子”“剪刀”和“布”，直到按“停止”按钮，会显示“锤子”“剪刀”和“布”中的一个，该游戏可以实现双方或多方猜拳。本节的目的是通过该例子，将开发微信小程序的过程完整讲述一遍，从配置开发环境、建立小程序项目，一直到将微信小程序发布到微信平台，并在真机上测试为止。通过该例子，读者可以掌握微信小程序的开发流程。

1.6.1　配置开发环境

腾讯在推出微信小程序的同时，也推出了自己的开发工具，读者可以到下面的地址中下载该开发工具的最新版本。

https://mp.weixin.qq.com/debug/wxadoc/dev/devtools/download.html?t=1477656486010

这套开发工具目前支持 Windows32 位、Windows64 位以及 Mac OS X 系统，读者需要根据自己使用的 OS 下载合适的版本。本书主要使用 Mac OS X 版本进行讲解，Windows 版本和 Mac OS X 大同小异，并不影响读者阅读本书的内容。

运行微信小程序 IDE 后，会看到如图 1-7 所示的窗口。

▲图 1-7　扫描二维码进入 IDE

进入手机微信，扫描该二维码（需要管理员微信账号才可以正常登录），就会自动登录，并进入如图 1-8 所示的窗口。

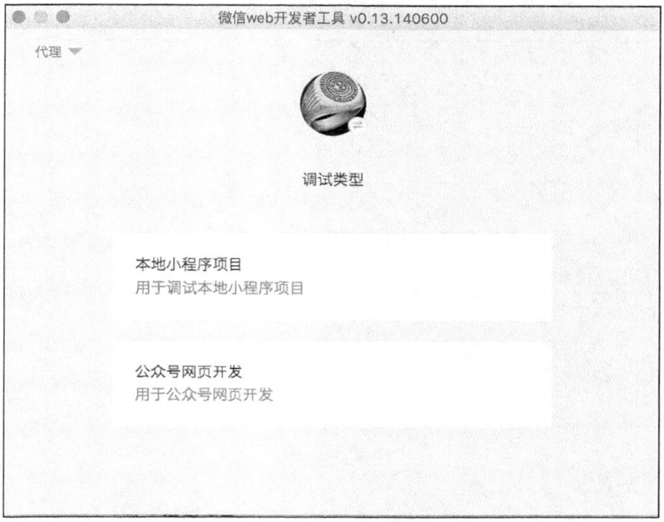

▲图 1-8 微信开发者工具

目前该工具同时支持开发小程序和公众号网页开发，由于本书主要讲解小程序开发，所以读者要选择第一项“本地小程序项目”，进入如图 1-9 所示的窗口。

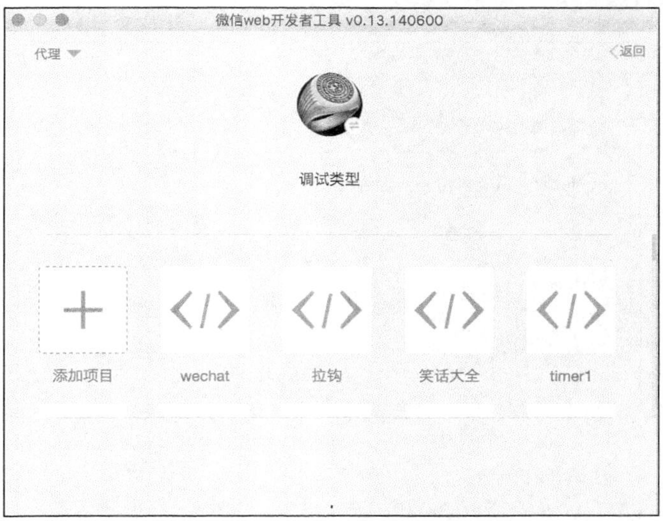

▲图 1-9 微信小程序 IDE 建立项目窗口

读者如果第一次使用该 IDE，可以单击“添加项目”，新建一个小程序项目，图 1-9 所示的列表是已经建立的小程序项目。

1.6.2　建立小程序项目

单击“添加项目”后，会看到如图 1-10 所示的页面。

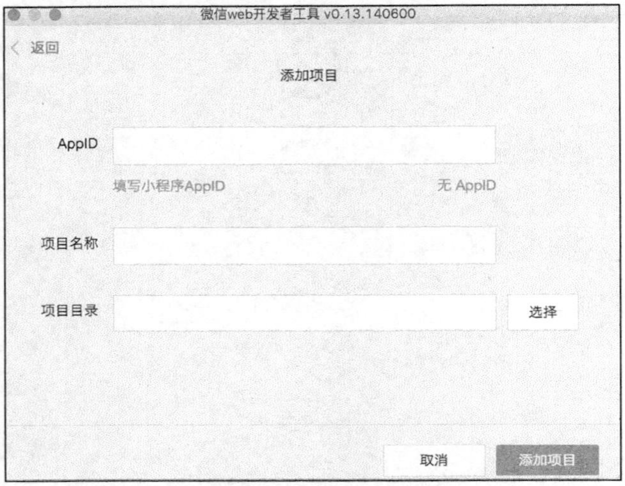

▲图 1-10　新建小程序项目

进入如图 1-10 所示的新建项目窗口后，如果读者有小程序的 AppID，可以直接在 AppID 中输入。如果没有，单击“无 AppID”，也可以开发小程序，只是无法在真机上测试，也无法发布，但可以在本地运行。最后按图 1-11 所示输入项目名称和项目目录。

▲图 1-11　输入小程序工程信息

单击“添加项目”按钮后，会创建新的小程序项目，开发主界面如图 1-12 所示。下一节我们会在这个项目中开发第一个小程序，并介绍该开发界面的主要组成部分。

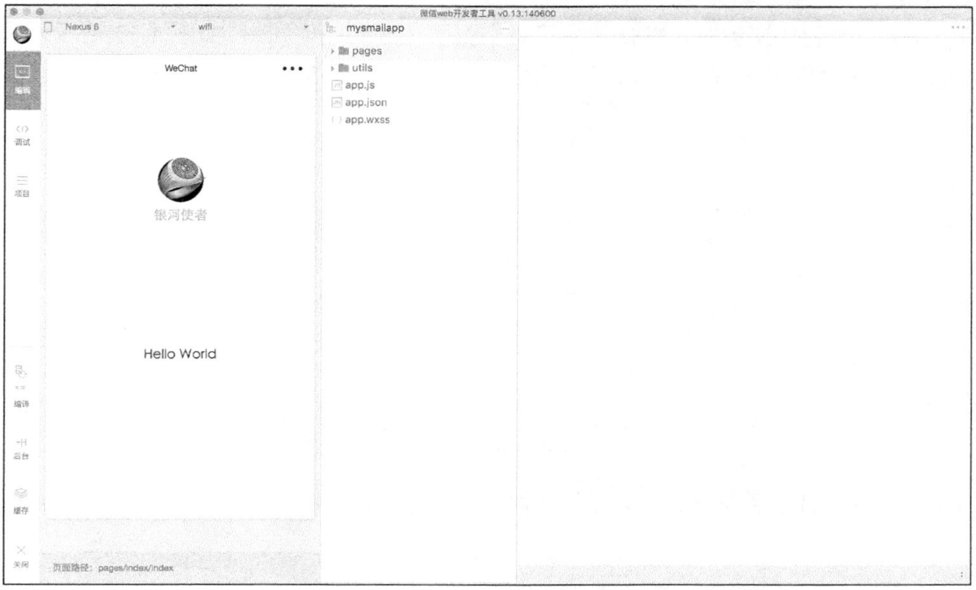

▲图 1-12 微信小程序开发主界面

1.6.3 猜拳游戏的布局

进入小程序 IDE，单击 IDE 左上角的“编辑”选项（如图 1-13 所示），开始编辑代码。猜拳游戏的布局非常简单，如图 1-14 所示。

▲图 1-13 IDE 左上角的控制选项

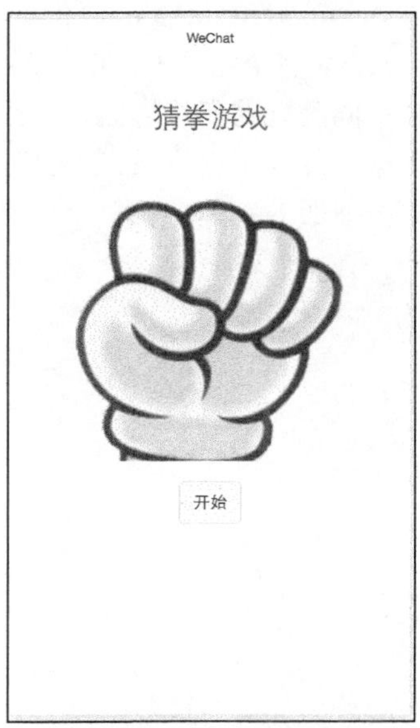

▲图 1-14 猜拳游戏的布局样式

猜拳游戏的布局是纵向显示了 3 个组件：文本组件（text）、图像组件（image）和按钮组件（button）。在创建小程序工程时，默认建立了两个页面：index 和 logs，如图 1-15 所示。我们不需要考虑 logs，在这个例子中只修改和 index 页面相关的文件。index 是小程序第一个显示的页面。

▲图 1-15　index 和 logs 页面的文件结构

其中，index.wxml 文件是 index 页面的布局文件，现在打开该文件，并按下面的内容修改代码。

```
<!--index.wxml-->
 <view class="container">
    <text class="finger_guessing">猜拳游戏</text>
    <view   class="userinfo">
       <image class="userinfo-avatar" src="{{imagePath}}" background-size="cover"/>
       <button bindtap="guess">{{title}}</button>
     </view>
   </view>
```

在这段代码中，image 和 button 组件的内容都需要动态改变，所以 image 组件的 src 属性和 button 组件的文本值（夹在<button>和</button>之间的部分）都分别与一个变量绑定。这是小程序的一个重要特性（和 React Native 完全相同）。在改变组件的属性值时，并不需要直接获取该组件的实例，而只需将该属性与某个同类型的变量绑定，一旦该变量的值改变，属性值也就会随之改变了。绑定变量的格式是“{{变量名}}”。改变了的定义和初始化部分，在下一节会详细介绍。

我们发现，就算按前面的布局，仍然不能像图 1-14 所示那样摆放组件，这是因为还需要调整下面代码的样式（index.wxss 文件）。

```
/**index.wxss**/
 .userinfo {
   display: flex;
   flex-direction: column;
   align-items:center;
   margin-top: 50px;
 }

 .userinfo-avatar {
   width: 500rpx;
   height: 500rpx;
   margin: 40rpx;
  }
  .userinfo-nickname {
   color: #aaa;
 }
```

```
  .finger_guessing {
   color: #F00;
   font-size: 30px;
   margin-top: 20px;
 }
```

前面的布局代码主要调整了 userinfo-avatar 的宽度和高度，让图像显示得更大一些。

最后，还需要修改 app.wxss 文件的代码，将 padding 属性的值改成 50rpx 0，代码如下：

```
/**app.wxss**/
 .container {
   height: 100%;
   display: flex;
   flex-direction: column;
   align-items: center;
   justify-content: space-between;
   padding: 50rpx 0;
   box-sizing: border-box;
 }
```

当然，现在可能仍然无法显示图像，因为还没有设置 **imagePath** 变量，而且还没有把图像放到工程目录中。现在读者可以到网上找 3 张图片，分别是剪子、石头和布，当然，也可以用本例提供的图像，并在小程序工程根目录建立一个 images 目录，将这 3 个图像文件放到该目录中。

1.6.4　控制剪子、石头、布的快速切换

猜拳游戏的核心就是快速切换剪子、石头、布 3 个图像，当单击“停止”按钮后，会停到其中一个图像上。这里涉及到如下两个动作：

- ❑ 用定时器快速切换图像。
- ❑ 当一开始单击图像下方的按钮时，文本变成了“停止”，当再次单击该按钮后，按钮文本又变成了“开始”，也就是说，一个按钮同时负责开始和停止图像快速切换两个动作。

控制图像快速切换和按钮文本变化两个动作的代码都要写在 index.js 文件中。首先会将这 3 个图像文件名存储在一个全局的数组中，并使用定时器快速从这个数组中依次循环获取图像文件名，并将该文件名指定的图像显示到 image 组件中。修改按钮的文本只需要修改 title 变量即可。

这里涉及到两个主要变量：imagePath 和 title。这两个都定义在 data 对象中，单击按钮会执行 guess 函数（在 index.wxml 文件中使用 bindtap 属性指定按钮的单击事件函数名），该函数也需要在 index.js 中编写。完整的实现代码如下：

```
//index.js
//获取应用实例
 var app = getApp()
 //  在数组中存在三个图像文件名
 var imagePaths = ['../../images/scissors.png', '../../images/stone.png', '../../imag
es/cloth.png'];
//  当前图像的索引
 var imageIndex = 0;


 Page({
   data: {
     imagePath: imagePaths[0],  //  用于修改 image 组件显示图像的变量
```

```
    title: '开始',                          //  用于改变按钮文本的变量
    isRunning:false,                        //  该变量为 true，表示图像正在快速切换
    userInfo: {},


  },
  //事件处理函数
  bindViewTap: function () {
    wx.navigateTo({
      url: '../logs/logs'
    })
  },
  //  定时器要执行的函数
  change: function (e) {
    imageIndex++;
    //  当前图像索引大于最大索引时，重新设为第一个索引值（已达到循环显示图像的目的）
    if (imageIndex > 2) {
      imageIndex = 0;
    }
    //  修改 image 组件要显示的图像（改变 imagePath 变量的值）
    this.setData(
      {
        imagePath: imagePaths[imageIndex]
      }
    )
  },
  //  单击按钮要执行的函数——单击要执行的函数按钮
  guess: function (e) {
    //  获取 isRunning 变量的值
    let isRunning = this.data.isRunning;
    // 根据是否正在快速切换图像，决定如何修改按钮文本，以及是开启定时器，还是移除定时器
    if (!isRunning) {
      this.setData(
        {
          title: '停止',
          isRunning:true
        }
      );
      //  开启定时器（没 100 毫秒调用一次 change 函数）
      this.timer = setInterval((function () {
        this.change()
      }).bind(this), 100);
    }
    else {
      this.setData(
        {
          title: '开始',
          isRunning:false
        }
      );
      //  移除定时器
      this.timer && clearInterval(this.timer);

    }
  },
  onLoad: function () {
    console.log('onLoad')
    var that = this

    //调用应用实例的方法获取全局数据
    app.getUserInfo(function (userInfo) {
      //更新数据
```

```
        that.setData({
          userInfo: userInfo
        })
      })
    }
})
```

至此，猜拳游戏的代码已全部介绍完毕，现在可以通过左侧的模拟器测试我们的成果了。大家可以单击“开始”按钮，看看图像是否会快速切换，再单击“停止”按钮，看看是否会停止在某个图像上。

1.6.5 真机测试小程序

现在轮到用真机测试我们的成果了。如果只想在真机上测试，可以用管理员微信登录小程序IDE。

现在单击 IDE 左上角的“项目”选项，右侧会显示如图 1-16 所示的项目操作页面。

▲图 1-16 项目操作页面

单击“预览”按钮，会显示如图 1-17 所示的二维码窗口，用管理员的微信扫描该二维码，即可将小程序上传到真机上运行。

在真机（Android 手机）上的测试结果如图 1-18 所示。

▲图 1-17　扫描二维码上传小程序到真机

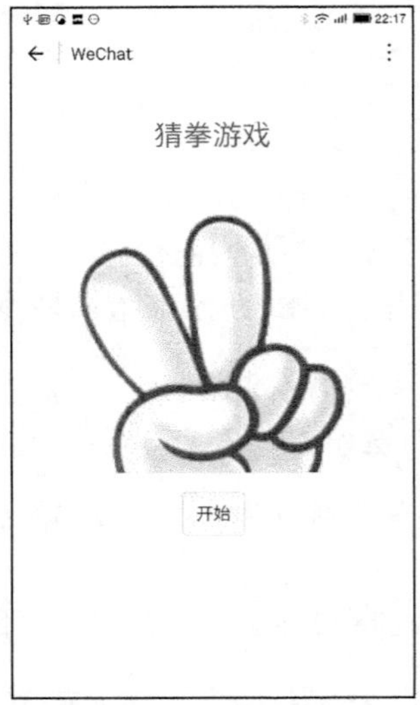

▲图 1-18　在真机上的测试结果

1.6.6　真机调试小程序

如果在模拟器上开发小程序，很容易在 Console 中查看调试信息，但如果在真机上运行呢？其实也有办法查看调试信息。现在按着前面讲解步骤在真机上运行小程序，然后单击右上角的省略号（…）菜单，会弹出如图 1-19 所示的菜单。

单击“打开调试”菜单项，这时当前小程序需要关闭，然后重新进入。这时会看到右下角有一个绿色的“vConsole”按钮，如图 1-20 所示。

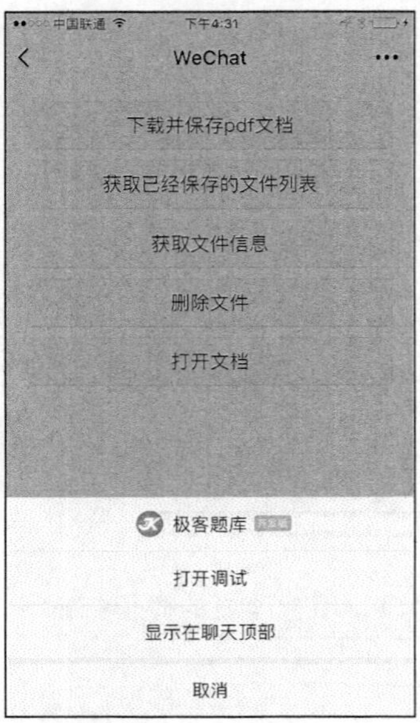

▲图 1-19　功能菜单

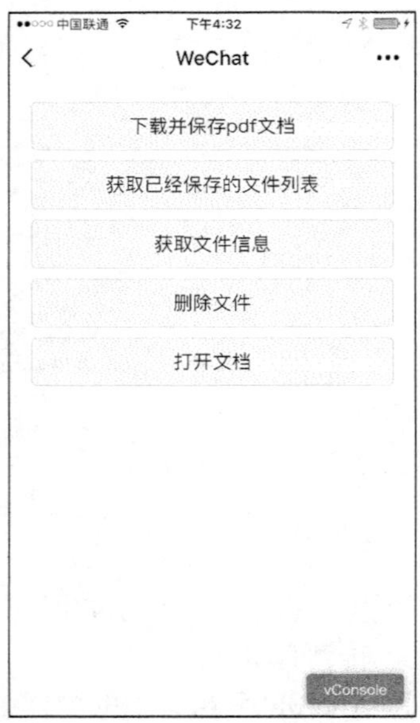

▲图 1-20　vConsole 按钮

单击“vConsole”按钮，就会打开真机上的 Console，并显示调试信息，如图 1-21 所示。关闭 Console，执行同样的操作即可。

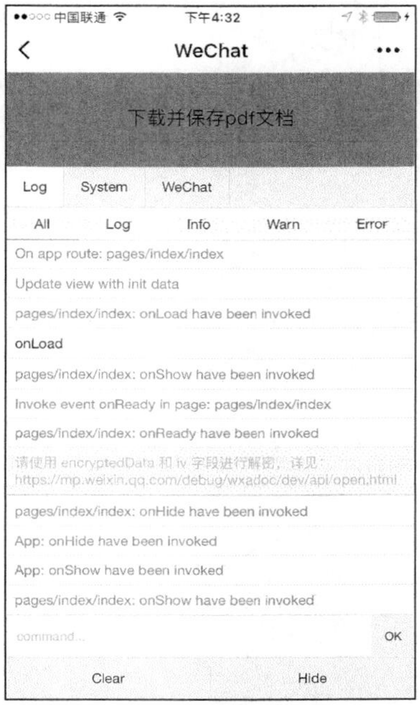

▲图 1-21 真机上的 Console

1.6.7 上传和审核小程序

如果在真机上测试没问题，那么可以单击图 1-16 所示的“上传”按钮将小程序上传到腾讯的服务器。单击“上传”按钮后，也会显示一个类似图 1-17 的二维码窗口，用管理员的微信扫描该二维码，然后会显示如图 1-22 所示的窗口，输入相应的版本号和项目备注，最后单击“上传”按钮上传即可。

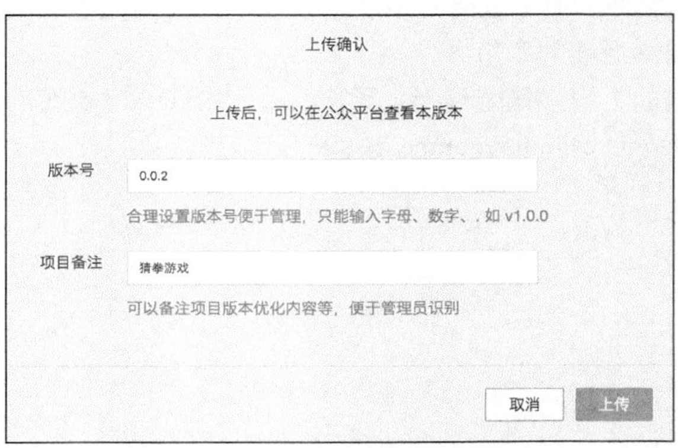

▲图 1-22 完成最后的上传设置工作

成功上传小程序后，回到小程序的后台，单击左侧的“开发管理”选项，会看到如图 1-23 所示的 3 个小程序版本的管理页面。我们直接上传的是开发版本，如果管理员认为没问题，可以单击“提交审核”按钮，将小程序提交给腾讯，这就是审核版本。如果腾讯审核通过正式上线了，这就是线上版本。读者也可以单击“提交审核”按钮右侧的向下箭头按钮，并单击“删除”按钮删除当前开发版本。要注意的是，下一次上传的版本会覆盖当前的开发版本。

▲图 1-23　管理小程序的版本

1.7 小结

本章用一个完整的例子从头到尾演示了从开发小程序到真机测试，再到上传发布的完整过程。尽管本章提供的例子非常简单，但足以清楚地展示小程序开发的完整过程。不过要想开发更加高级的小程序，还需要继续阅读后续的章节。

如果读者想了解完整的小程序账号注册、开发以及使用第三方发布的小程序的完整过程，可以观看我的视频课程：http://edu.csdn.net/course/detail/3371。

第2章　布局

布局是任何支持 UI 的技术都会涉及到的。小程序的布局采用了和 React Native 相同的 flex（弹性布局）方式，使用方法也类似（只是属性名不同而已）。因此，如果读者已经对 React Native 的布局比较了解，那么将非常容易掌握小程序布局。即使对 React Native 的布局不了解，通过对本章的学习，也可以掌握小程序布局的核心技术。

本章要点

- 水平排列布局
- 水平折行排列布局
- 垂直排列布局
- 垂直折列排列布局
- 水平排列对齐布局
- 垂直排列对齐布局
- 水平等间隔排列布局
- 带边距的水平等间隔排列布局

2.1 水平排列

小程序的布局和 React Native 的布局类似，采用了弹性布局的方法，即分为水平和垂直布局。默认是从左向右水平依次放置组件，或从上到下依次放置组件。

wxml 文件用于放置参与布局的组件，为了更好地描述小程序是如何布局的，本章使用了带背景色的 view 组件来演示。view 是小程序中所有可视组件的根。

任何可视组件都需要使用样式来设置自身的属性，并完成相应的布局。在小程序中，可以使用两种方式设置样式，一种是 class 属性，另一种是 style 属性。前者需要指定在 wxss 文件中定义的样式，后者允许直接在组件中定义样式属性。例如，如果要水平放置 3 个 view 组件，可以在 wxml 文件中使用下面的代码。

```
<view class="flex-wrp" style="flex-direction:row">
    <view class="flex-item bc_green"></view>
    <view class="flex-item bc_red"></view>
    <view class="flex-item bc_blue"></view>
</view>
```

显示的效果如图 2-1 所示。

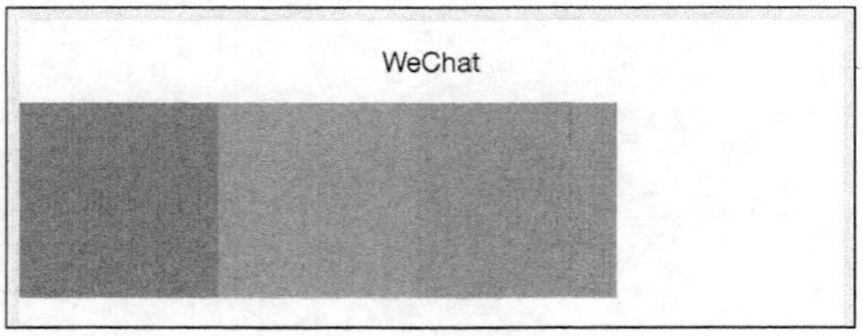

▲图 2-1　水平布局

在上面的代码中，同时使用了 class 和 style 属性。分别指定了样式 flex-wrp 和样式属性 flex-direction:row，其中，后者表示 view 中的子组件要按水平排列。flex-wrp 的定义如下：

```
.flex-wrp{
    height: 100px;
    display:flex;
    background-color: #FFFFFF;
}
```

其中，display:flex 表示弹性布局，flex 是 Flexible 的缩写。

如果 class 属性需要指定多个样式，样式直接用空格分隔，代码如下：

```
<view class="flex-item bc_green"></view>
```

其中 flex-item 的代码如下：

```
.flex-item{
   width: 100px;
   height: 100px;
}
```

前面所有的样式都是在当前页面的 index.wxss 文件中定义的，而 bc_green 以及其他几个设置颜色的样式是在 app.wxss 文件中定义的，所有的页面都可以使用。

```
.bc_green{
    background-color: #09BB07;
}
.bc_red{
    background-color: #F76260;
}
.bc_blue{
    background-color: #10AEFF;
}
.bc_yellow{
    background-color: #FFBE00;
}
.bc_gray{
    background-color: #C9C9C9;
}
```

如果不想使用 style 属性，可以将 flex-direction:row 放在样式中。例如，可以在 index.wxss 文件中添加如下的样式。

```
 .flex-row{
    flex-direction:row;
}
```

然后修改 index.wxml 文件中的代码如下：

```
<view class="flex-wrp flex-row" >
    <view class="flex-item bc_green"></view>
    <view class="flex-item bc_red"></view>
    <view class="flex-item bc_blue"></view>
</view>
```

可能很多读者会发现一个问题，本节的例子中只有 3 个 view，如果放置了多个 view 会怎么样呢？从 flex-item 样式可知，每个 view 的尺寸是 100*100，单位是像素（px），如果放置过多，可能会发生如下两种情况：

- 折行。
- 压缩每一个 view 的宽度。

那么到底会发生哪种情况呢？我们不妨做一个实验，代码如下：

```
<view class="flex-wrp flex-row" >
    <view class="flex-item bc_green"></view>
    <view class="flex-item bc_red"></view>
    <view class="flex-item bc_blue"></view>
    <view class="flex-item bc_green"></view>
    <view class="flex-item bc_red"></view>
    <view class="flex-item bc_blue"></view>
    <view class="flex-item bc_green"></view>
    <view class="flex-item bc_red"></view>
    <view class="flex-item bc_blue"></view>
 </view>
```

在上述代码中，view 中包含了 9 个子 view，保存 index.wxml 文件后，会显示如图 2-2 所示的效果。

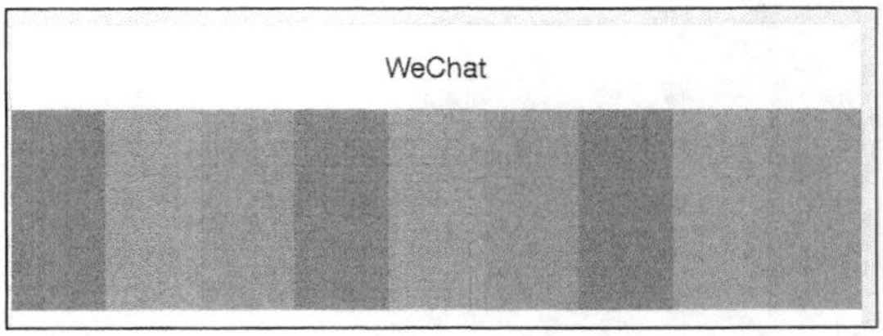

▲图 2-2 压缩了每一个 view 的宽度

很明显，每一个 view 的宽度都被压缩了（因为每一个 view 的默认尺寸是一个正方形），以适应设备的宽度。不过这种处理方式可能并不符合我们的要求，如果我们的要求是让每一个 view 的尺寸保持不变，但是一行放不下，怎么能够折到下一行呢？答案就在下一节！

2.2 水平折行排列

要想让 view 折行也很简单，只需要加一个 flex-wrap:wrap 即可，代码如下：

```
<view class="flex-wrp flex-row" style="flex-wrap:wrap" >
    <view class="flex-item bc_green"></view>
    <view class="flex-item bc_red"></view>
    <view class="flex-item bc_blue"></view>
    <view class="flex-item bc_green"></view>
    <view class="flex-item bc_red"></view>
    <view class="flex-item bc_blue"></view>
    <view class="flex-item bc_green"></view>
    <view class="flex-item bc_red"></view>
    <view class="flex-item bc_blue"></view>
</view>
```

或者将 flex-wrap:wrap 添加到 flex-row 样式中，代码如下：

```
.flex-row{
    flex-direction:row;
    flex-wrap:wrap;
}
```

修改后的运行效果如图 2-3 所示。

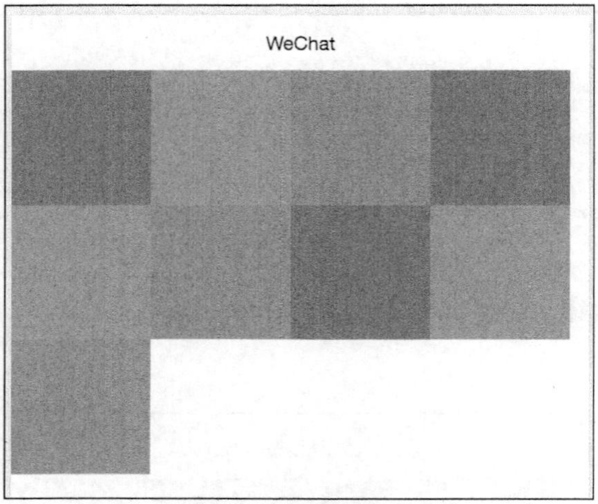

▲图 2-3　折行水平排列

2.3 垂直排列

只需要设置 flex-direction 的值为 column，就可以将水平排列改成垂直排列，代码如下：

```
<view class="flex-wrp" style="height: 300px;flex-direction:column;">
    <view class="flex-item bc_green"></view>
    <view class="flex-item bc_red"></view>
    <view class="flex-item bc_blue"></view>
</view>
```

在这段代码中，将顶层 view 的高度设为 300px，而每一个子 view 的高度是 100px，所以垂直方向 3 个 view 会紧挨着显示，效果如图 2-4 所示。

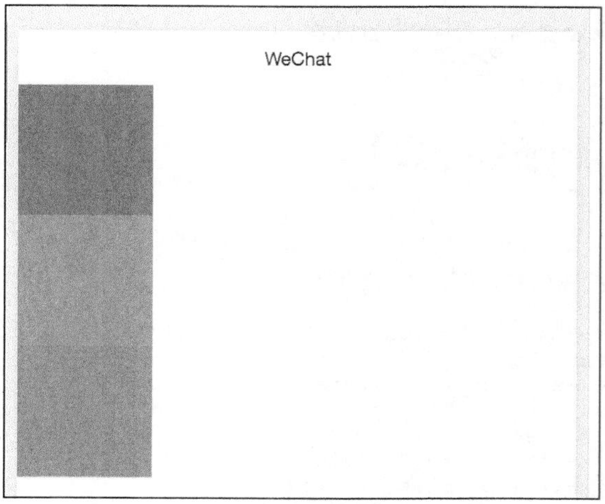

▲图 2-4 垂直排列

在垂直方向，如果子 view 过多会怎么样呢？如下面代码所示。

```
<view class="flex-wrp" style="height: 300px;flex-direction:column;">
    <view class="flex-item bc_green"></view>
    <view class="flex-item bc_red"></view>
    <view class="flex-item bc_blue"></view>
    <view class="flex-item bc_green"></view>
    <view class="flex-item bc_red"></view>
    <view class="flex-item bc_blue"></view>
    <view class="flex-item bc_green"></view>
    <view class="flex-item bc_red"></view>
    <view class="flex-item bc_blue"></view>
 </view>
```

如果使用上述的布局，会看到如图 2-5 所示的显示效果。

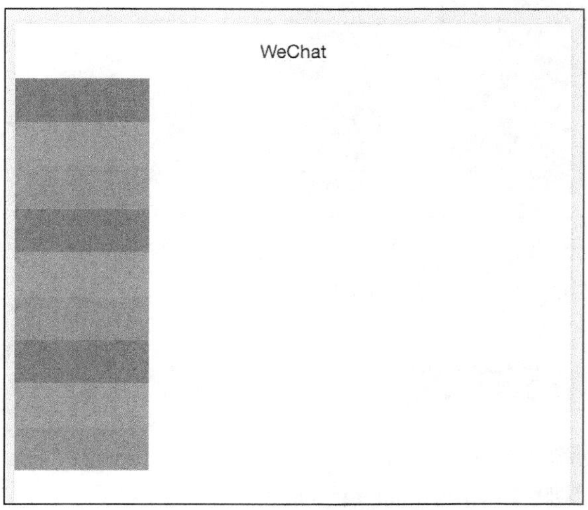

▲图 2-5 被压缩的垂直排列

很明显，所有的子 view 都被压缩在垂直高度 300px 的空间内（宽度未改变），能否让垂直排列的子 view 折列呢？请看下一节的介绍。

2.4 垂直折列排列

折列和折行的方式一样，只需要加上 flex-wrap:wrap 即可，可以使用 style 属性添加，或在样式中添加，然后使用 class 属性引用样式。下面的代码使用 style 属性添加了 flex-wrap:wrap。

```
<view class="flex-wrp" style="height: 300px;flex-direction:column; flex-wrap:wrap;">
    <view class="flex-item bc_green"></view>
    <view class="flex-item bc_red"></view>
    <view class="flex-item bc_blue"></view>
    <view class="flex-item bc_green"></view>
    <view class="flex-item bc_red"></view>
    <view class="flex-item bc_blue"></view>
    <view class="flex-item bc_green"></view>
    <view class="flex-item bc_red"></view>
    <view class="flex-item bc_blue"></view>
 </view>
```

使用上面的布局后，会看到如图 2-6 所示的效果。

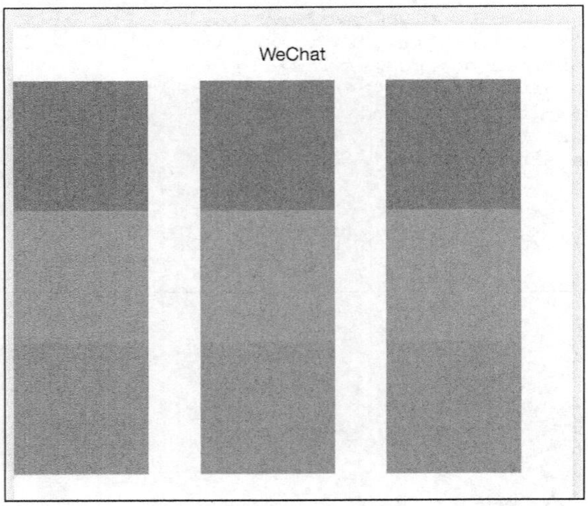

▲图 2-6　垂直折列排列

从图 2-6 所示的效果可以看出，折列排列是在第 2、3 列从上到下依次排列的。

2.5 水平排列对齐方式

前文所述的水平排列都是从左侧开始排列的，这是默认的对齐方式：左对齐。这种对齐方式是默认的，或在 style 属性中加入 justify-content: flex-start，代码如下：

```
<view class="flex-wrp" style="flex-direction:row;justify-content: flex-start;">
    <view class="flex-item bc_green"></view>
    <view class="flex-item bc_red"></view>
    <view class="flex-item bc_blue"></view>
</view>
```

除了左对齐，还有右对齐和中心对齐，只需要将 justify-content 的值改成 flex-end 或 center，即可实现右对齐或中心对齐的效果。右对齐的布局代码如下：

```
<view class="flex-wrp" style="flex-direction:row;justify-content: flex-end;">
    <view class="flex-item bc_green"></view>
    <view class="flex-item bc_red"></view>
    <view class="flex-item bc_blue"></view>
</view>
```

右对齐的效果如图 2-7 所示。

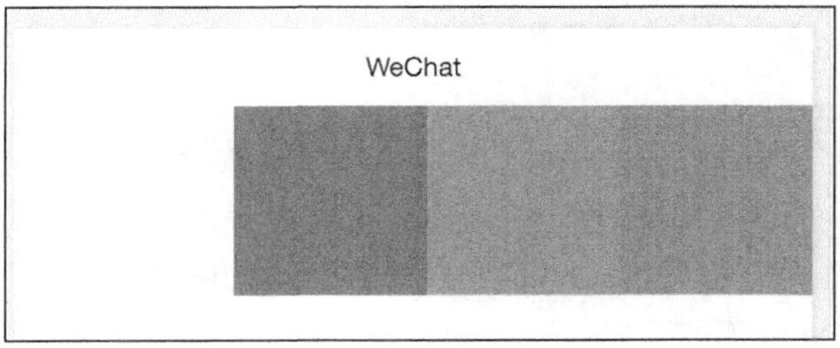

▲图 2-7　右对齐

中心对齐的代码布局代码如下：

```
<view class="flex-wrp" style="flex-direction:row;justify-content: center;">
    <view class="flex-item bc_green"></view>
    <view class="flex-item bc_red"></view>
    <view class="flex-item bc_blue"></view>
</view>
```

中心对齐的效果如图 2-8 所示。

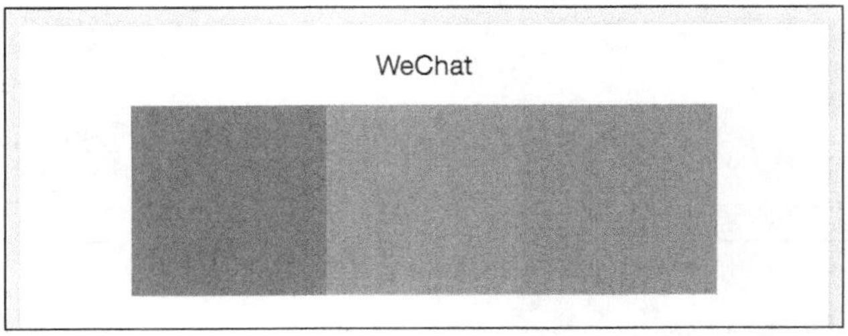

▲图 2-8　中心对齐

2.6 垂直排列对齐方式

对于垂直排列来说，如果改变对齐方式，是否可以采用水平排列的方式呢？例如，下面的布局代码是否有效呢？

```
<view class="flex-wrp" style="flex-direction:column;justify-content: flex-end;">
    <view class="flex-item bc_green"></view>
    <view class="flex-item bc_red"></view>
    <view class="flex-item bc_blue"></view>
</view>
```

保存文件后，会看到如图 2-9 所示的效果。

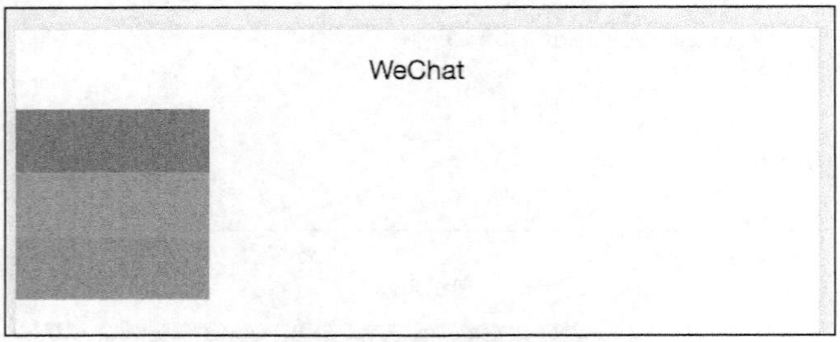

▲图 2-9　没有改变对齐方式的垂直排列

很显然，垂直排列的 3 个 view 并没有右对齐。对于垂直排列来说，需要使用 align-items 属性（默认是左对齐），而不是 justify-content 属性，这两个属性的取值基本上相同。例如，下面的布局代码让 3 个垂直排列的 view 右对齐。

```
<view class="flex-wrp" style="flex-direction:column;align-items: flex-end;">
    <view class="flex-item bc_green"></view>
    <view class="flex-item bc_red"></view>
    <view class="flex-item bc_blue"></view>
 </view>
```

垂直排列右对齐的效果如图 2-10 所示。

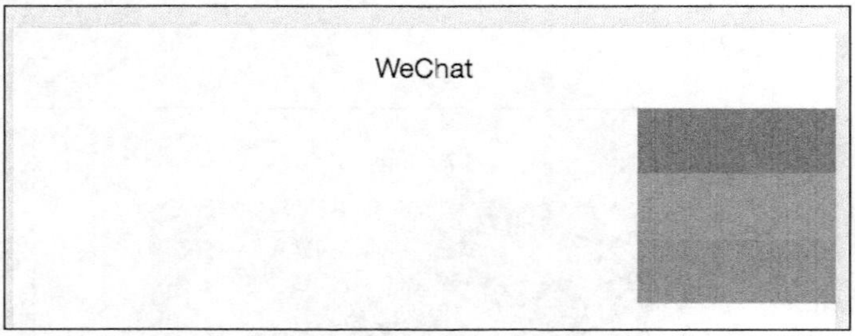

▲图 2-10　垂直排列右对齐

下面的布局代码让垂直排列中心对齐。

```
<view class="flex-wrp" style="flex-direction:column;align-items: center;">
    <view class="flex-item bc_green"></view>
    <view class="flex-item bc_red"></view>
    <view class="flex-item bc_blue"></view>
 </view>
```

垂直排列中心对齐的效果如图 2-11 所示。

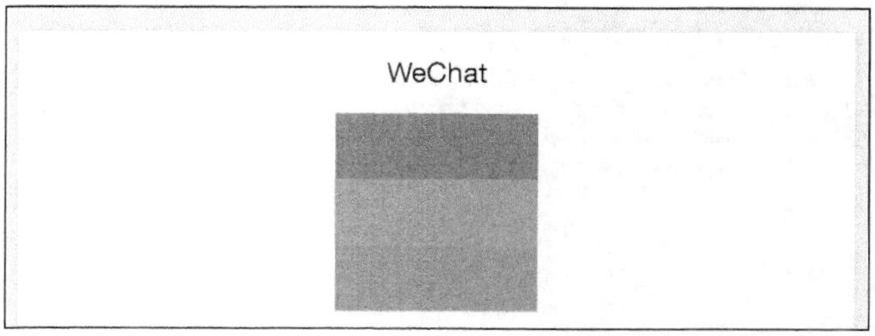

▲图 2-11 垂直排列中心对齐

如果垂直排列是右对齐或中心对齐的方式，那么如果折列会是什么效果呢？例如，下面的布局代码垂直方向右对齐，并且折列。

```
<view class="flex-wrp"
 style="height:300px;flex-direction:column;align-items: flex-end;flex-wrap:wrap;">
    <view class="flex-item bc_green"></view>
    <view class="flex-item bc_red"></view>
    <view class="flex-item bc_blue"></view>
    <view class="flex-item bc_blue"></view>
    <view class="flex-item bc_green"></view>
    <view class="flex-item bc_red"></view>
 </view>
```

运行效果如图 2-12 所示。

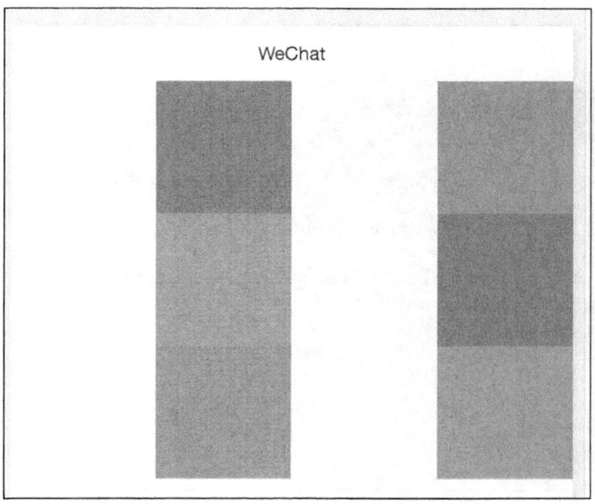

▲图 2-12 垂直方向右对齐，并且折列

从图 2-12 所示的效果来看，即使是右对齐，如果需要折列，显示的第一列仍然是从靠左方向开始的（从 view 的背景色就可以看出，第 4 个 view 的背景色是蓝色），然后向右折列（但最后一列需要紧贴着父视图右边缘，因为是右对齐）。如果是中心对齐，方式相同。

下面是中心对齐，并且折列的布局代码。

```
<view class="flex-wrp"
 style="height:300px;flex-direction:column;align-items: center;flex-wrap:wrap;">
    <view class="flex-item bc_green"></view>
    <view class="flex-item bc_red"></view>
    <view class="flex-item bc_blue"></view>
    <view class="flex-item bc_blue"></view>
    <view class="flex-item bc_green"></view>
    <view class="flex-item bc_red"></view>
 </view>
```

显示效果如图 2-13 所示。

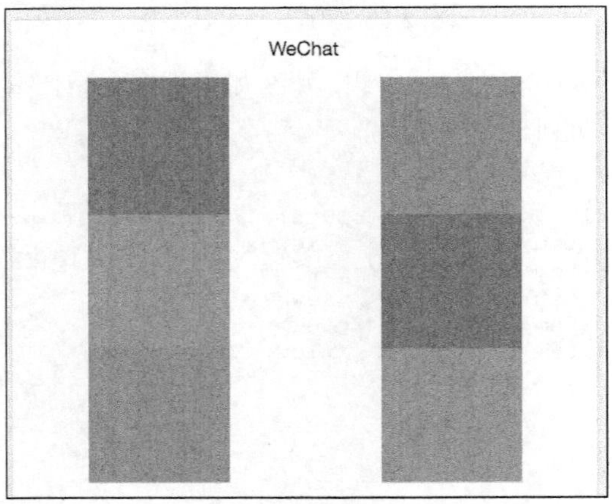

▲图 2-13　垂直方向中心对齐，并且折列

2.7 水平等间隔排列

如果想让 view 均匀地水平分别在窗口上，且每两个 view 之间的间隔相同，那么需要将 justify-content 属性的值设为 space-between，布局代码如下：

```
<view class="flex-wrp" style="flex-direction:row;justify-content: space-between">
   <view class="flex-item bc_green"></view>
   <view class="flex-item bc_red"></view>
   <view class="flex-item bc_blue"></view>
</view>
```

显示的效果如图 2-14 所示。

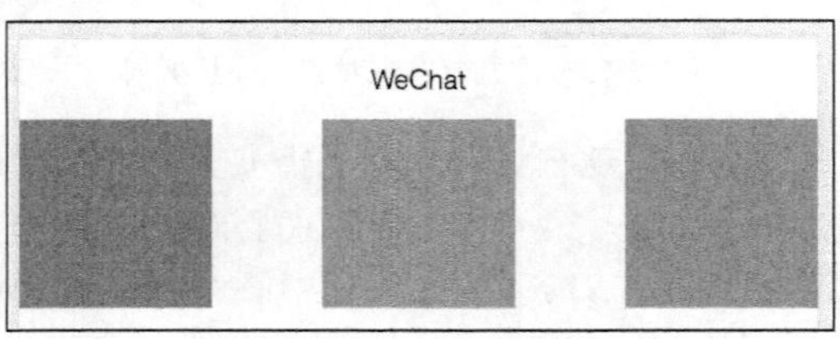

▲图 2-14　space-between 效果

如果子 view 过多，并且设置为折行显示，那么子 view 会如何排列呢？先看下面的布局代码。

```
<view class="flex-wrp"
    style="flex-direction:row;justify-content: space-between;flex-wrap:wrap">
   <view class="flex-item bc_green"></view>
   <view class="flex-item bc_red"></view>
   <view class="flex-item bc_blue"></view>
   <view class="flex-item bc_green"></view>
   <view class="flex-item bc_red"></view>
   <view class="flex-item bc_green"></view>
<view class="flex-item bc_blue"></view>
</view>
```

使用上述的布局，会得到如图 2-15 所示的效果。

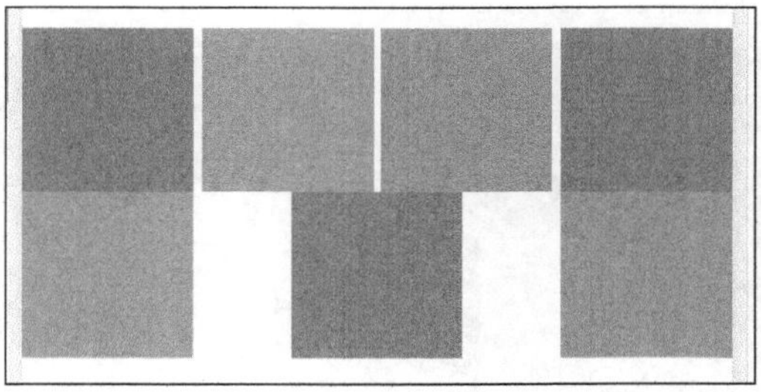

▲图 2-15　折行后的 space-between 效果

从图 2-15 所示的效果来看，不管折多少行，同一行相邻两个 view 之间的间距都是相等的。

2.8 带边距的水平等间隔排列

上一节介绍的 space-between 是顶格显示的，也就是说，最左边和最右边的 view 是紧挨着父视图边缘的。当我们想留一定的边距时，需要使用 space-around，布局代码如下：

```
<view class="flex-wrp" style="flex-direction:row;justify-content: space-around">
   <view class="flex-item bc_green"></view>
   <view class="flex-item bc_red"></view>
   <view class="flex-item bc_blue"></view>
</view>
```

运行效果如图 2-16 所示。

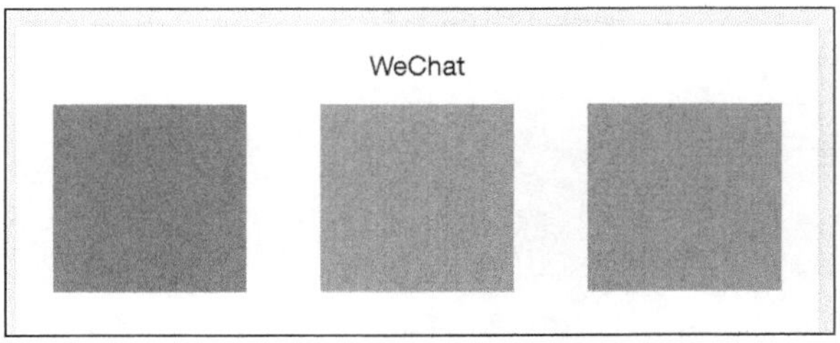

▲图 2-16　space-around 效果

如果发生折行，仍然是每一行的最左侧和最右侧都会距父视图边缘有一定距离，布局代码如下：

```
 <view class="flex-wrp"
    style="flex-direction:row;justify-content: space-around;flex-wrap:wrap">
   <view class="flex-item bc_green"></view>
   <view class="flex-item bc_red"></view>
   <view class="flex-item bc_blue"></view>
   <view class="flex-item bc_green"></view>
   <view class="flex-item bc_red"></view>
   <view class="flex-item bc_green"></view>
<view class="flex-item bc_blue"></view>
</view>
```

显示效果如图 2-17 所示。

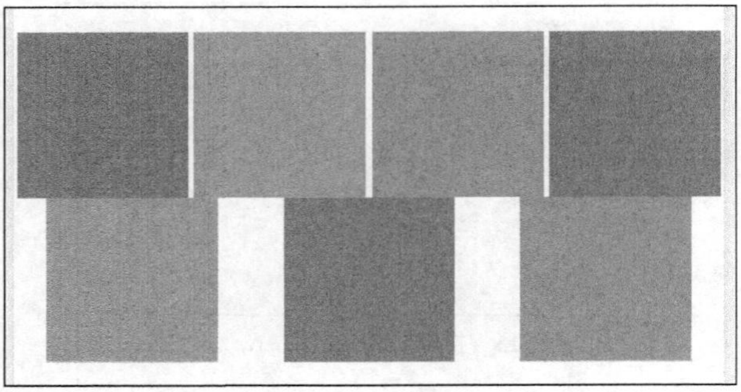

▲图 2-17　折行后的 space-around 效果

2.9 小结

本章主要介绍了小程序中的主要布局方式，通过这些布局，可以设计出各式各样的 UI。尽管本章中并没有一行 JavaScript 代码，但也相当重要。因为如果不掌握布局，后面的组件掌握得再熟练都没用，所以如果读者对小程序的布局还不了解，建议详细阅读本章。

第 3 章　视图容器

小程序的容器视图目前有 3 个：view、scroll-view 和 swiper。其中，view 在前面已经多次使用了，我们也比较熟悉，而且使用非常简单，所以本章不再介绍 view 组件。本章会重点介绍 scroll-view 和 swiper 组件的使用方法。

本章要点

- ❑ scroll-view 组件
- ❑ swiper 组件

3.1 滚动视图（scroll-view）

本节主要介绍滚动视图组件（scroll-view）的各种常用功能，例如垂直和水平滚动、滚动事件等，并通过例子代码来演示这些功能的使用方法。

3.1.1 垂直滚动视图

scroll-view 是容器组件，如果该组件的子组件超过了 scroll-view 的高度或宽度，该组件会允许子组件在垂直或水平方向滚动视图，以便显示其他没有显示的子组件。本节主要介绍如何让 scroll-view 垂直滚动。

要让 scroll-view 垂直滚动，需要设置 scroll-y 属性值为 true。例如，在下面的布局代码中，将 scroll-view 组件的高度设为 200px，里面的每一个子 view 的高度也是 200px，而且放了 4 个子 view。这样 scroll-view 就允许滚动而现实其他的子 view 了。

```
<view>
       <view class="section__title">垂直滚动</view>
       <scroll-view scroll-y="true" style="height: 200px;" >
          <view id="green" class="scroll-view-item bc_green"></view>
          <view id="red"  class="scroll-view-item bc_red"></view>
          <view id="yellow" class="scroll-view-item bc_yellow"></view>
          <view id="blue" class="scroll-view-item bc_blue"></view>
       </scroll-view>
 </view>
```

上下滚动时的效果如图 3-1 所示。

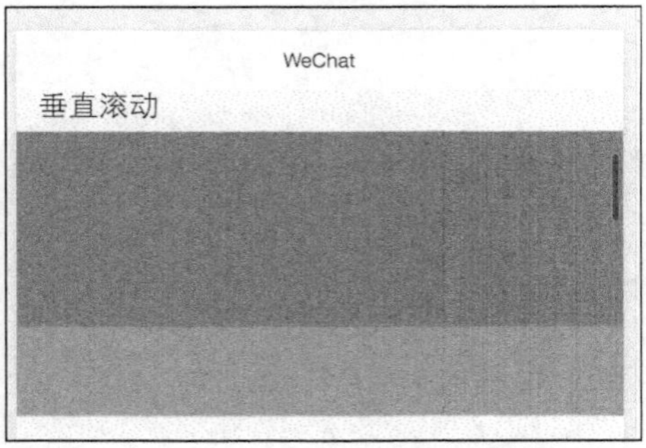

▲图 3-1　scroll-view 垂直滚动的效果

scroll-view 滚动条的初始位置为 0，也就是在最上端。如果要改变滚动条的默认位置，需要设置 scroll-top 属性，该属性默认的属性值为 0，也就是滚动条在最顶端。如果该属性值不为 0，滚动条会向下滚动（该属性值需大于 0）。下面的布局代码设置了 scroll-top 属性的值是 60。

```
<scroll-view scroll-y="true" style="height: 200px;" scroll-top="60">
   … …
</scroll-view>
```

显示效果如图 3-2 所示，在没有滚动的情况下，红色的子 view 显示了一部分（正好是 60px）。

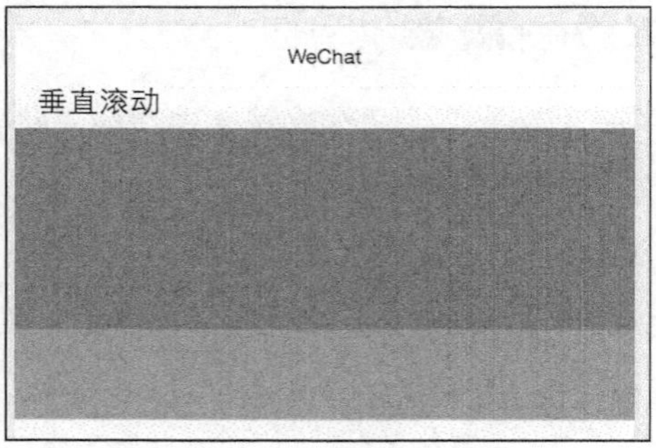

▲图 3-2　设置 scroll-top 属性的效果

如果想让 scroll-view 一开始就滚动到某一个子视图，需要使用 scroll-into-view 属性，该属性需要指定一个子视图的 id。例如，下面的布局代码设置了 scroll-into-view 属性的值为 yellow，也就是说，当系统装载 scroll-view 组件时，会直接滚动到第 3 个子组件 yellow。如果同时设置了 scroll-top 和 scroll-into-view 属性，后者的优先级更高。

```
<scroll-view scroll-y="true" style="height: 200px;"  bindscrolltoupper="upper"
bindscrolltolower="lower"  upper-threshold="100" lower-threshold="300"
bindscroll="scroll" scroll-top="100"  scroll-into-view="yellow" >
    … …
</scroll-view>
```

3.1.2　水平滚动视图

如果要让 scroll-view 水平滚动，那么需要设置 scroll-x 属性为 true，布局代码如下：

```
<view>
    <view class="section__title">水平滚动</view>
    <scroll-view class="scroll-view_H" scroll-x="true" style="width: 100%">
       <view id="green" class="scroll-view-item_H bc_green"></view>
       <view id="red"  class="scroll-view-item_H bc_red"></view>
       <view id="yellow" class="scroll-view-item_H bc_yellow"></view>
       <view id="blue" class="scroll-view-item_H bc_blue"></view>
    </scroll-view>
 </view>
```

其中，scroll-view_H 样式的代码如下：

```
.scroll-view_H{
   white-space: nowrap;
}
```

显示效果如图 3-3 所示。

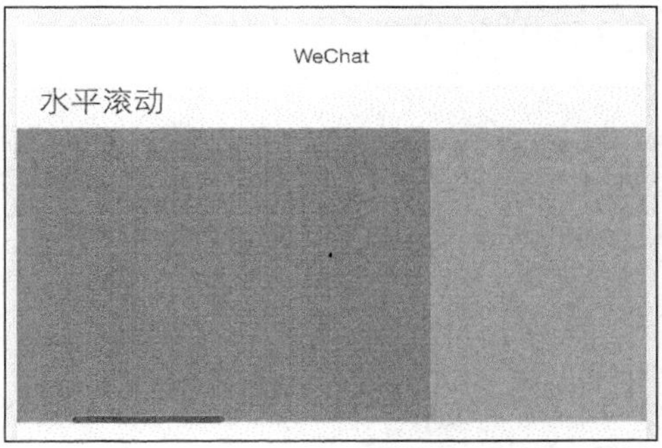

▲图 3-3 scroll-view 水平滚动的效果

如果要让滚动条默认停留在其他位置，需要设置 scroll-left 属性，例如，在下面的布局代码中，将 scroll-left 属性的值设为 50。

```
<scroll-view class="scroll-view_H" scroll-x="true"  scroll-left="50" style="width: 10
0%">
    … …
</scroll-view>
```

显示效果如图 3-4 所示。

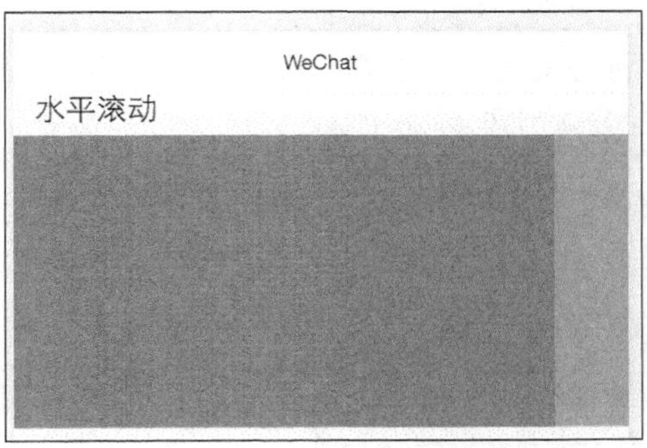

▲图 3-4 设置 scroll-left 属性的效果

3.1.3　滚动到边缘触发事件

scroll-view 组件提供了一些事件，当滚动条滚动到最上端或最下端（垂直滚动），或滚动到最左端或最右端（水平滚动），会分别触发两个事件，这两个事件分别用 bindscrolltoupper 和 bindscrolltolower 属性指定。这两个属性需要指定事件对应的函数名称。例如，下面的布局代码包含了两个 scroll-view 组件，上面的是垂直滚动，下面的是水平滚动。

```
<view>
        <view class="section__title">垂直滚动</view>
        <scroll-view scroll-y="true" style="height: 200px;"   bindscrolltoupper="upp
er" bindscrolltolower="lower" >
            <view id="green" class="scroll-view-item bc_green"></view>
            <view id="red"  class="scroll-view-item bc_red"></view>
            <view id="yellow" class="scroll-view-item bc_yellow"></view>
            <view id="blue" class="scroll-view-item bc_blue"></view>
       </scroll-view>

        <view class="section__title">水平滚动</view>
        <scroll-view class="scroll-view_H" scroll-x="true"  scroll-left="50" style="
width: 100%"
             bindscrolltoupper="upper" bindscrolltolower="lower" >
                <view id="green" class="scroll-view-item_H bc_green"></view>
                <view id="red"  class="scroll-view-item_H bc_red"></view>
                <view id="yellow" class="scroll-view-item_H bc_yellow"></view>
                <view id="blue" class="scroll-view-item_H bc_blue"></view>
        </scroll-view>
</view>
```

在上述的布局代码中，bindscrolltoupper 指定了 upper 方法，而 bindscrolltolower 指定了 lower 方法。这两个方法需要在 index.js 文件中实现，代码如下：

```
var app = getApp()
Page({
   … …
  upper: function(e) {
    console.log(e)
  },
  lower: function(e) {
    console.log(e)
  },
})
```

这两个方法简单地输出了参数 e。当水平或垂直滑动滚动条时，系统会根据滚动条的位置触发相应的事件。例如，图 3-5 所示是垂直滚动到最低端，然后再滚动到最顶端，水平滚动先滚动到最后端，然后再滚动到最左端的输入日志。

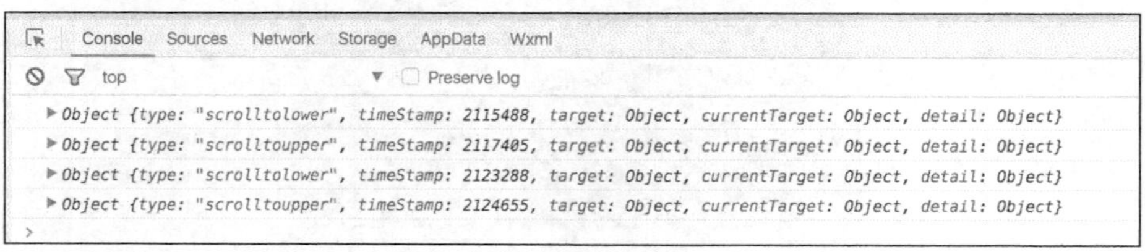

▲图 3-5　滚动到边缘的输出日志

那么，系统是如何判定时候滚动到了边缘的呢？其实这是通过 upper-threshold 和 lower-threshold 两个属性来判定的。这两个属性的默认值是 50，这个值差不多是滚动条的长度。在默认情况下，当滚动条的一端刚一接触上、下、左、右边缘时，就会触发相应的事件。如果要改变这两个属性的默认值，那么滚动条可能会滚动到其他的位置才会触发相应的事件。例如，下面的代码设置了 upper-threshold 属性的值为 100，lower-threshold 属性的值为 300。

```
<scroll-view scroll-y="true" style="height: 200px;"   bindscrolltoupper="upper"
bindscrolltolower="lower"  upper-threshold="100" lower-threshold="300">
    … …
</scroll-view>
```

对于垂直来说，在默认情况下，滚动条会处在如图 3-6 所示的位置才会触发下边缘滚动事件。但如果 lower-threshold 属性的值是 300，那么滚动条在如图 3-7 所示的位置就会触发下边缘滚动事件。

▲图 3-6　lower-threshold 属性为默认值时触发下边缘滚动事件的位置

▲图 3-7　lower-threshold 属性为 300 时触发下边缘滚动事件的位置

3.1.4　滚动事件

scroll-view 除了可以监控滚动条处在边缘的事件外，还可以实时监控滚动条滚动的状态，这就是滚动事件，使用 bindscroll 属性设置，该属性的值是滚动事件对应的函数名。例如，下面的代码设置 bindscroll 属性值为 scroll。

```
<scroll-view class="scroll-view_H" scroll-x="true"  scroll-left="50" style="width: 100%"
    bindscrolltoupper="upper" bindscrolltolower="lower" bindscroll="scroll" >
        <view id="green" class="scroll-view-item_H bc_green"></view>
        <view id="red"  class="scroll-view-item_H bc_red"></view>
        <view id="yellow" class="scroll-view-item_H bc_yellow"></view>
        <view id="blue" class="scroll-view-item_H bc_blue"></view>
 </scroll-view>
```

当滚动条水平或垂直滚动时，会不断触发滚动事件，并调用 scroll 函数，该函数的代码如下：

```
scroll:function(e)
{
   console.log(e.detail)
}
```

通过 e 参数中的 detail 属性，可以获得与滚动相关的信息。detail 属性可以提供如下 6 个值。

- scrollLeft：水平滚动时滚动条当前的位置，在垂直滚动时该值为 0。
- scrollTop：垂直滚动时滚动条当前的位置，在水平滚动时该值为 0。
- scrollHeight：垂直滚动时所有子视图的总高度（包括子视图之间的间距），在水平滚动时，该值是 scroll-view 组件的高度。
- scrollWidth：水平滚动时所有子视图的总宽度（包括子视图之间的间距）。在垂直滚动时，该值是 scroll-view 组件的宽度。
- deltaX：水平滚动时的增量，也就是从当前滚动条的位置移动到新位置的距离。从左向右水平移动，该值小于 0，从右向左水平移动，该值大于 0。通过该属性值可以判断水平移动的方向。
- deltaY：垂直滚动时的增量，也就是从当前滚动条的位置移动到新位置的距离。从上到下垂直移动，该值小于 0，从下向上垂直移动，该值大于 0。通过该属性值可以判断垂直移动的方向。

图 3-8 是垂直和水平滚动时触发滚动事件输出的日志信息，其中也包含滚动到边缘输出的日志信息。

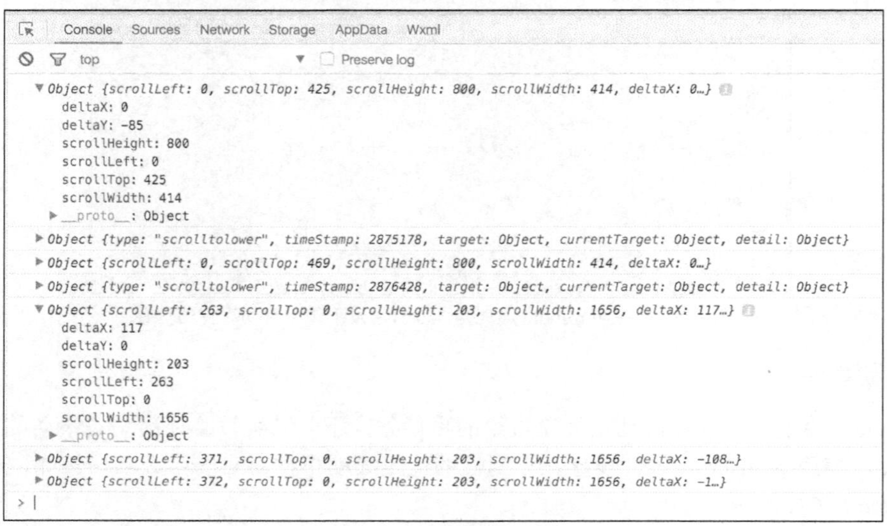

▲图 3-8　滚动时输出的日志

3.2 广告轮询图视图容器（swiper）

在大多数 App 的首页顶端都会有一个广告轮询视图，一般轮询广告至少是 3 页。通常轮询广告下方中心的位置是若干个小点（有的可能是其他效果，如横杠），小点数目和广告页面数目相同，当显示某个广告页面时，表示该广告页面的小点就会处于选中状态（一般是变颜色）。通过单击小点，可以切换到相应指定的广告页面，也可以通过手指左右滑动切换到相邻的广告页面。效果如图 3-9 所示。

▲图 3-9　广告轮询视图演示

幸运的是，小程序组件直接提供了这种效果的实现，这就是 swiper 组件。该组件允许水平或垂直方式暂时多个可以切换的广告页面。本节将详细介绍 swiper 组件的使用方法。

3.2.1　显示水平和垂直滑动的广告页面

swiper 组件有多个属性可以控制各种行为，最常用的当属 indicator-dots 属性，该属性用于控制 swiper 组件是否在下方或右侧显示用于控制广告页面切换的小点。默认是 false，也就是不显示这些小点。

下面的布局代码设置了 4 个页面，用于在 swiper 中轮询显示。

```
<swiper indicator-dots="{{indicatorDots}}" >
   <block wx:for-items="{{background}}"  wx:key="unique">
       <swiper-item>
           <view class="swiper-item bc_{{item}}"></view>
       </swiper-item>
   </block>
 </swiper>
```

在阅读这段布局代码时应了解如下几点。

- 通过 indicatorDots 变量来设置 indicator-dots 属性，因此，需要在 index.js 文件中定义并初始化该变量。
- 这里使用了小程序的列表渲染技术循环生成了 4 个页面（wx:for）。关于循环渲染技术，会在下一章详细介绍，这里只要了解 wx:for 是循环即可。
- swiper 组件中只能放 swiper-item 组件。当然，swiper-item 组件中可以放置的组件并没有明确限定。这里放置了一个 view 组件。
- wx:for-items 针对一个数组的元素进行循环，这个数组是通过 background 变量定义的，因此，需要在 index.js 文件中定义 background 数组（见后文）。对于 wx:for-items 循环，默认获取每一次循环的值的变量是 item（也就是获取 background 数组的元素）。在本例中，通过 item 变量为每一个 view 组件指定了一个样式（设置背景颜色），这些样式在前面的章节已经被定义了。

下面是 index.js 中定义的几个变量。

```
//index.js
 //获取应用实例
 var app = getApp()
 Page({
   data: {
         background: ['green', 'red', 'yellow','blue'],
         indicatorDots: true,
         … …
   },
   … …
 })
```

显示的效果如图 3-10 所示。

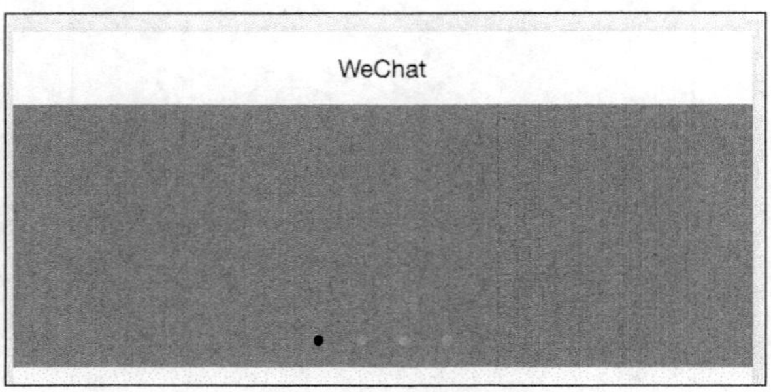

▲图 3-10　水平广告轮询效果

如果要让 swiper 组件显示垂直效果的广告轮询图，可以为 swiper 组件添加一个 vertical 属性，并将该属性值设为 true（默认为 false）。

```
<swiper indicator-dots="{{indicatorDots}}"  vertical="{{vertical}}">
    … …
</swiper>
```

现在可以在 index.js 文件中将 vertical 变量设为 true，效果如图 3-11 所示。

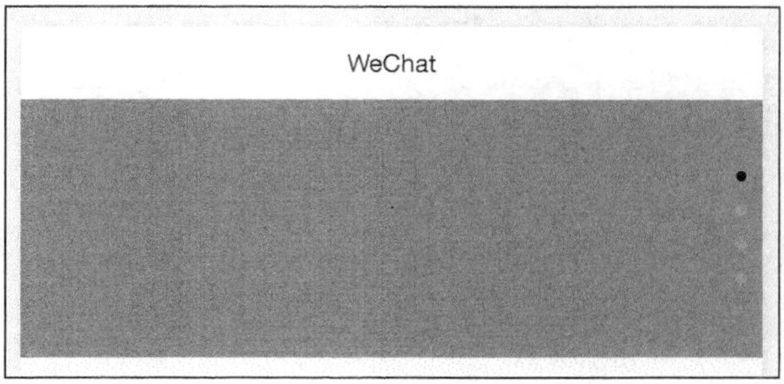

▲图 3-11　垂直广告轮询效果

在默认情况下，swiper 一开始会显示第一个页面。如果想让 swiper 组件首先显示指定的页面，需要设置 current 属性（默认值是 0），该属性的值表示当前显示页面的索引，从 0 开始。例如，下面的布局代码首先会显示第 3 个页面。

```
<swiper indicator-dots="{{indicatorDots}}"  vertical="{{vertical}}" current="2">
    … …
</swiper>
```

3.2.2　自动切换广告轮询图

对于广告轮询图来说，大多需要自动切换。也就是说，每到一定时间间隔，就会从当前广告页面切换到相邻的广告页面，这样会让 App 看着更加动态。

让 swiper 组件自动切换广告页面，需要设置如下几个属性。

- autoplay：是否自动切换广告页面，默认值是 false。
- interval：自动切换的时间间隔，单位是毫秒，默认值是 5000。

例如，下面的布局代码设置了 autoplay 和 interval 属性。其中，autoplay 变量的值是 true，interval 变量的值是 2000，也就是每 2 秒切换到相邻的广告页面，从第 3 个广告页面开始切换。切换到最后一个页面后，再从第一个页面开始切换。

```
<swiper indicator-dots="{{indicatorDots}}"  vertical="{{vertical}}" current="2"
autoplay="{{autoplay}}" interval="2000"  >
    … …
</swiper>
```

如果想让一个页面切换到另外一个页面的过程变慢（切换的时间变长），需要设置 duration 属性，该属性的值表示从当前页面切换到相邻页面所需要的时间，单位是毫秒，默认值是 1000 。例如在下面的布局代码中，相邻两个页面之间的切换需要 5 秒。

```
<swiper indicator-dots="{{indicatorDots}}"  vertical="{{vertical}}" current="2"
autoplay="{{true}}" interval="2000"  duration="5000">
    … …
</swiper>
```

3.2.3　响应轮询图切换事件

当页面轮询显示时，会触发页面变化事件。需要使用 bindchange 属性将该事件与函数绑定，例如，在下面的布局代码中，页面发生切换时会调用 change 函数。

```
<swiper indicator-dots="{{indicatorDots}}"  vertical="{{vertical}}" current="2"
autoplay="{{true}}" interval="2000"  duration="5000" bindchange="change">
    … …
</swiper>
```

在 index.js 文件中需要编写如下的代码：

```
change:function(e)
 {
   console.log(e);
   console.log(e.detail);
 }
```

其中 e.detail.current 可以获取当前页面的所以，如图 3-12 所示。

▲图 3-12　轮询广告时输出的日志

3.3 小结

本章深入讲解了小程序中的两个容器视图：scroll-view 和 swiper。前者用于滚动多个子视图，后者用于整个视图的轮询，也就是 swiper 每次需要显示一个完整的子视图（尽管切换的过程会显示不全，但最终仍然需要显示完整的视图），而 scroll-view 可以停在滚动的任何位置，有可能会同时显示出来多个子视图。scroll-view 一般用于组件过多且无法一次显示在窗口上的场景，而 swiper 一般用于需要重点宣传的商品、活动等广告的场景。

第 4 章　视图层技术

视图层，也就是 wxml 文件，用于编写微信小程序的布局。了解视图层的核心技术，将会对微信小程序的编写起到至关重要的作用。

本章要点

- ❑ 条件渲染
- ❑ 列表渲染
- ❑ 模板
- ❑ 引用

4.1 条件渲染

微信小程序的布局支持直接在组件中使用条件渲染属性，该属性的语法如下：

```
<view wx:if="{{condition}}"> 满足条件 </view>
```

其中，wx:if 是一个控制属性，condition 是条件表达式。如果 condition 的值为 true，则输出<view>组件中的值。如果有多个条件，和 if 语句的条件一样，中间可以用&&表示逻辑与，用||表示逻辑或。例如，下面的布局代码的 count 变量值如果小于 4，则输出“数值比较小”，否则什么也不会输出。

```
<view wx:if="{{count < 4}}"> 数值比较小 </view>
```

wx:if 也可以像 if 语句一样，使用 else if 和 else。与 wx:if 对应的是 wx:elif 和 wx:else。下面的布局代码通过对 count 不同值的判断，会输出不同的字符串。读者可自行设置 count 变量的值来控制输出结果。

```
<view>
  <view wx:if="{{count < 4 && count > 0}}"> 数值比较小 </view>
  <view wx:elif="{{count == 100 || count == 300}}"> 固定数值 </view>
  <view wx:else> 其他值 </view>
</view>
```

如果在组件中使用 wx:if、wx:elif 或 ex:else，只能控制当前的组件是否起作用。如果要控制多个组件，需要使用<block>。<block>并不是一个组件，它仅仅是一个包装组件，使用方法类似于容器组件，在<block>中可以放置任意多个组件。例如，下面的布局代码使用了 3 个<block>标签，分别使用了 wx:if、wx:elif 和 wx:else 进行控制。如果 count 等于 2，则显示 2 个 view；count 等于 3，则显示 3 个 view；否则显示 1 个 view。

```
<view class="flex-row">
  <block wx:if="{{count == 2}}">
    <view id="green" class="scroll-view-item bc_green"></view>
    <view id="red" class="scroll-view-item bc_red"></view>
  </block>
  <block wx:elif="{{count == 3}}">
    <view id="green" class="scroll-view-item bc_green"></view>
    <view id="red" class="scroll-view-item bc_red"></view>
    <view id="yellow" class="scroll-view-item bc_yellow"></view>
  </block>
  <block wx:else>
    <view id="green" class="scroll-view-item bc_green"></view>
  </block>
</view>
```

当 count 分别为 2、3 以及其他值时，显示的效果如图 4-1～图 4-3 所示。

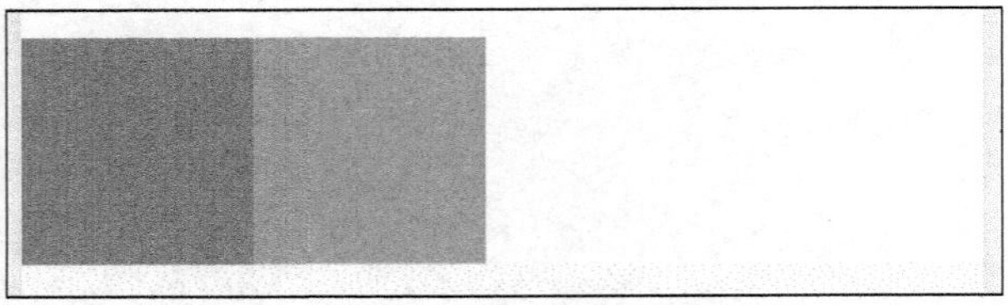

▲图 4-1　count == 2 的效果

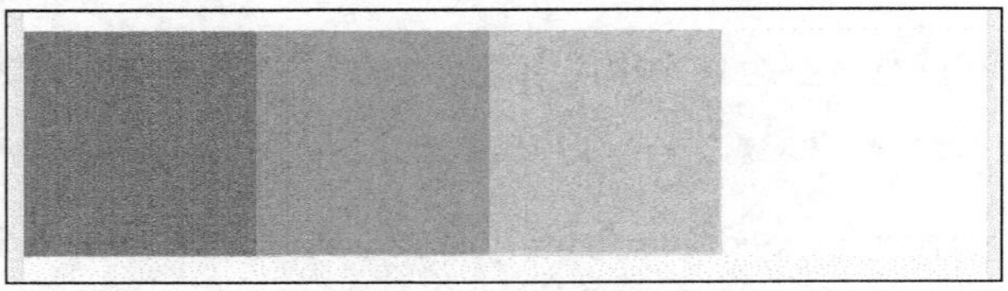

▲图 4-2　count == 3 的效果

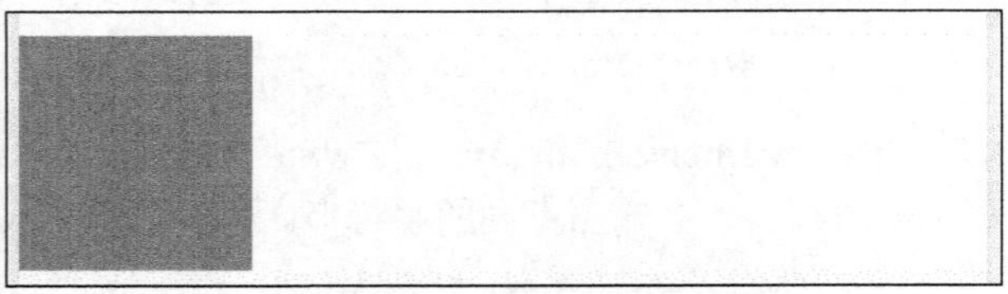

▲图 4-3　count == 5 的效果

要注意的是，wx:elif 和 wx:else 需要紧跟在 wx:if 后面。如果满足 wx:if 的条件，那么后面的 wx:elif 和 wx:else 都不会被执行。如果用多个 wx:if，只要条件满足，就都会被执行。例如，下面的两段布局分别使用了 wx:if、wx:elif 和两个 wx:if。

使用 wx:if 和 wx:elif：

```
<view class="flex-row">
  <block wx:if="{{count < 5}}">
```

```
    <view id="green" class="scroll-view-item bc_green"></view>
    <view id="red" class="scroll-view-item bc_red"></view>
  </block>
  <block wx:elif="{{count == 3}}">
    <view id="green" class="scroll-view-item bc_green" ></view>
    <view id="red" class="scroll-view-item bc_red"></view>
    <view id="yellow" class="scroll-view-item bc_yellow"></view>
  </block>
</view>
```

使用两个 wx:if：

```
<view class="flex-row">
  <block wx:if="{{count < 5}}">
      <view id="green" class="scroll-view-item bc_green"></view>
    <view id="red" class="scroll-view-item bc_red"></view>
  </block>
  <block wx:if="{{count == 3}}">
    <view id="green" class="scroll-view-item bc_green" ></view>
    <view id="red" class="scroll-view-item bc_red"></view>
    <view id="yellow" class="scroll-view-item bc_yellow"></view>
  </block>
</view>
```

很明显，如果 count 等于 3，count < 5 和 count == 3 两个条件都满足；如果使用 wx:elif，只有使用 wx:if 的<block>会执行；而如果使用两个 wx:if，两个<block>都会执行，效果如图 4-4 所示。

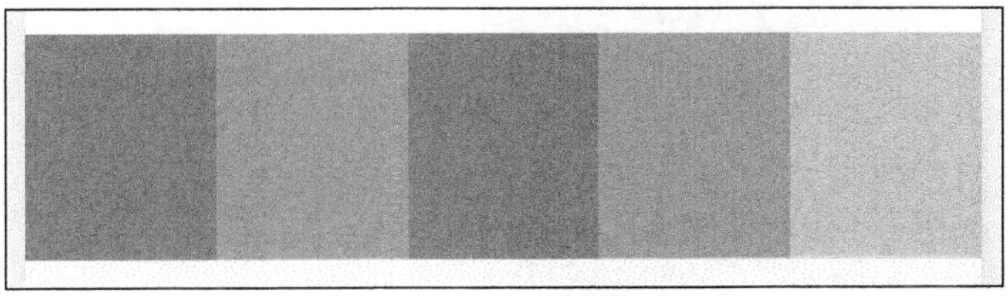

▲图 4-4　两个 wx:if 的效果

4.2 列表渲染

微信小程序还为我们提供了用于循环的列表渲染。通过 wx:for 属性对数组进行循环，以便获取数组中的每一个元素，这一过程不需要编写 JavaScript 代码。下面是列表渲染的语法。

```
<view wx:for="{{array}}">
    {{item}}
</view>
```

其中，array 是待循环的数组，item 是默认的变量，表示数组中每一个元素。

4.2.1 wx:for-item

尽管通过默认的 item 变量，可以获取数组中的元素，但有时我们还是希望使用自定义的变量，这样会让代码更容易阅读。因此，可以使用 wx:for-item 属性执行自定义变量名。使用默认的 item 变量和使用 wx:for-item 属性自定义变量名的布局代码如下。

使用默认的 item 变量：

```
<view wx:for="{{messages}}"  >
  {{item}}
</view>
```

使用自定义的变量名：

```
<view wx:for="{{messages}}" wx:for-item="itemName" >
  {{itemName}}
</view>
```

其中，messages 是在 index.js 中定义的一个数组变量，代码如下：

```
Page({
  data: {
    messages:["辽宁","北京","广东","湖北","广西"],
  }
)
```

运行后，系统会纵向输出 messages 数组的元素值。

4.2.2　wx:for-index

使用 wx:for-index 指定的变量可以获取当前数组的索引（从 0 开始），例如，下面的布局代码会同时输出当前数组的索引和数组的值。

```
<view wx:for="{{messages}}" wx:for-item="itemName" wx:for-index="i" >
  messages[{{i}}] = {{itemName}}
</view>
```

运行后，会显示如图 4-5 所示的输出内容。

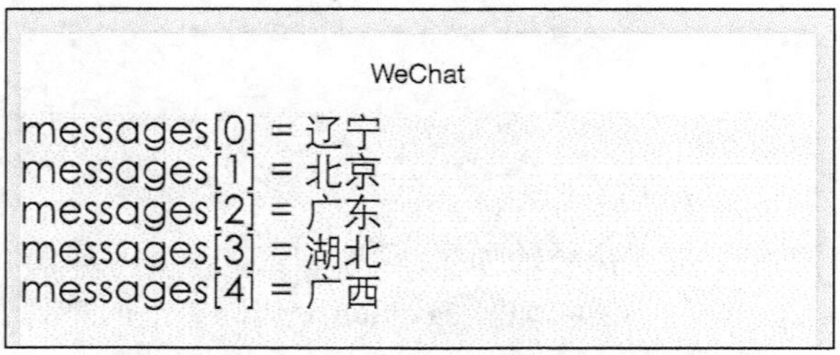

▲图 4-5　使用 wx:for-index 属性获取数组的索引

4.2.3　block wx:for

wx:for 也可以用于 block 中，例如，下面的布局代码对数组[1,2,3,4,5]进行循环，分别输出每一个数组元素，以及数组元素的平方。

```
<block wx:for="{{[1, 2, 3, 4, 5]}}">
  <view> [{{index}}] = {{item}} </view>
  <view> [{{index}}] * [{{index}}] = {{item * item}} </view>
</block>
```

显示的效果如图 4-6 所示。

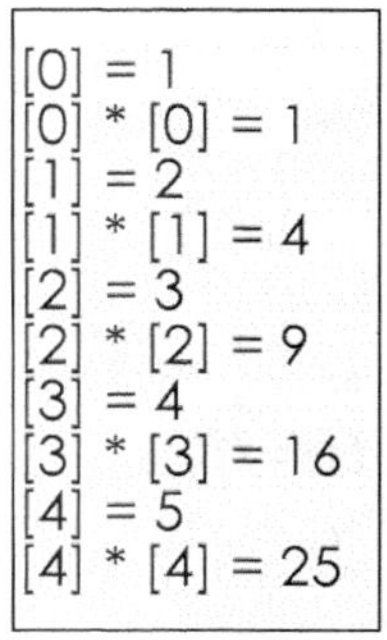

▲图 4-6　block wx:for 的输出结果

4.2.4　嵌套循环

wx:for 和普通的 for 循环一样，同样可以嵌套。例如，下面的布局代码使用两层 wx:for，并结合 wx:if 和 wx:elif 进行条件判断。

```
<view wx:for="{{[1, 5, 9]}}" wx:for-item="i">
  <view wx:for="{{[2, 6, 4]}}" wx:for-item="j">
    <view wx:if="{{i <= j}}">
      {{i}} * {{j}} = {{i * j}}
    </view>
    <view wx:elif="{{i > j}}">
      {{i}} + {{j}} = {{i + j}}
    </view>
  </view>
</view>
```

布局的显示效果如图 4-7 所示。

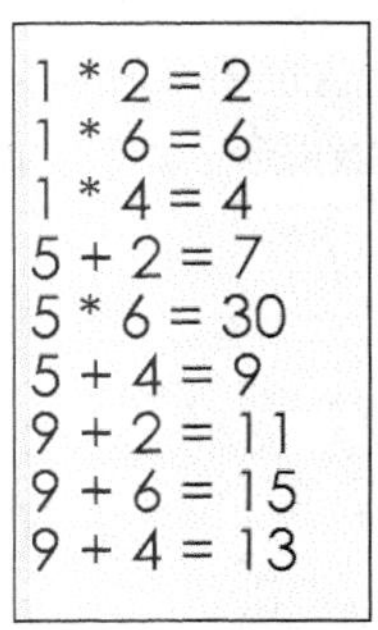

▲图 4-7　wx:for 嵌套的效果

block wx:for 同样可以嵌套使用，例如，要实现和图 4-7 相同效果的布局，只需要将上面布局代码的 view wx:for 改成 block wx:for 即可。

```
<block wx:for="{{[1, 5, 9]}}" wx:for-item="i">
  <block wx:for="{{[2, 6, 4]}}" wx:for-item="j">
    <view wx:if="{{i <= j}}">
```

```
        {{i}} * {{j}} = {{i * j}}
      </view>
      <view wx:elif="{{i > j}}">
        {{i}} + {{j}} = {{i + j}}
      </view>
    </block>
  </block>
```

4.2.5　wx:key

注意，本节的例子为了演示会使用后面章节介绍的一些组件，如 switch、button 等，读者无需理会这些组件的具体用法，后面章节会详细讲解。这个例子目的是为了理解 wx:key 的作用。

下面先在 index.js 文件中定义两个数组，其中，objectArray 是对象数组，numberArray 是数值数组，代码如下：

```
Page({
   data: {
      objectArray: [
      {id: 0, unique: 'key0'},
      {id: 1, unique: 'key1'},
      {id: 2, unique: 'key2'},
      {id: 3, unique: 'key3'},
      {id: 4, unique: 'key4'},
      {id: 5, unique: 'key5'},
     ],
     numberArray: [1, 2, 3, 4]
   }
   … …
})
```

其中，objectArray 的每一个元素有两个属性：id 和 unique。unique 属性的属性值一定是唯一的。现在编写如下的布局代码。

```
<switch wx:for="{{objectArray}}" style="display: block;"> {{item.id}} </switch>
<button bindtap="switch"> Switch </button>
```

这段布局代码中使用了两个组件：switch 和 button。前者是选择组件（类似于 Checkbox），后者是按钮组件。bindtap 属性指定了单击按钮后要调用的函数（相当于单击事件）。运行这段布局代码后，会显示如图 4-8 所示的效果。

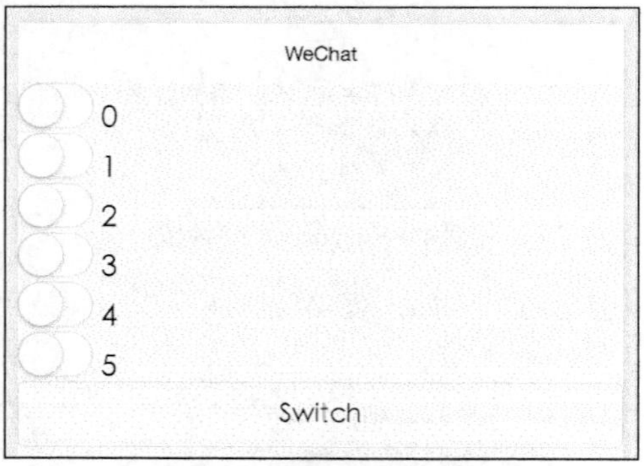

▲图 4-8　利用循环生成的组件

现在来实现 switch 函数。switch 函数的功能是随机交换 objectArray 数组中的两个对象元素，实现代码如下：

```
switch: function(e) {
    const length = this.data.objectArray.length
    for (let i = 0; i < length; ++i) {
      const x = Math.floor(Math.random() * length)
      const y = Math.floor(Math.random() * length)
      //  交换两个数组元素值
      const temp = this.data.objectArray[x]
      this.data.objectArray[x] = this.data.objectArray[y]
      this.data.objectArray[y] = temp
    }
     //  更新 objectArray 数组
    this.setData({
      objectArray: this.data.objectArray
    })
  },
```

现在随便选中两个 switch 组件，如图 4-9 所示。

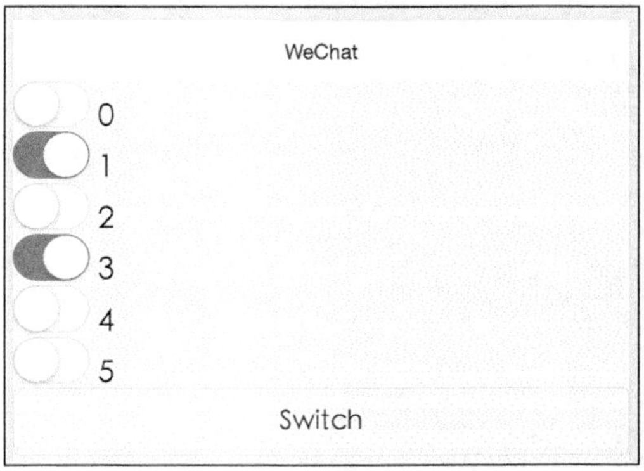

▲图 4-9　选中两个 switch 组件

现在单击“Switch”按钮，由于是随机交换两个元素的值，所以可能产生任何结果，例如，图 4-10 就是一种可能的结果。

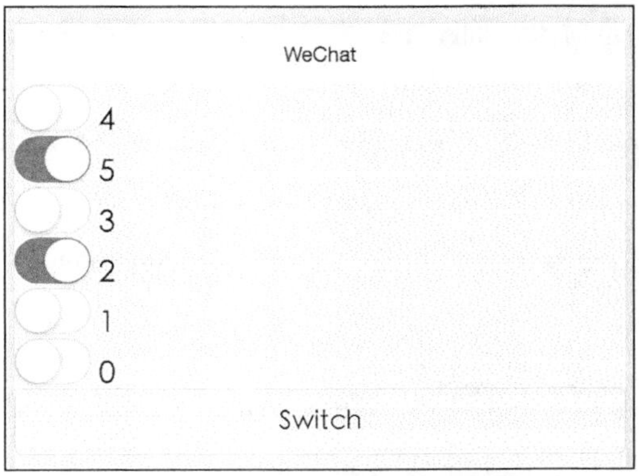

▲图 4-10　随机交换两个元素值后的效果

我们可以看到，最初选中的是第 2 个和第 4 个 switch 组件。结果交换两个数组元素值时仍然选中的是第 2 个和第 4 个 switch 组件，但 switch 的文本却变了（变成了 5 和 2）。这并不是我们想要的，我们希望不管如何交换 objectArray 数组中的元素，选中的永远是 1 和 3。这就要使用到本节的主题：wx:key。

wx:key 属性值可以是字符串，也可以是*this（见后文）。当 wx:key 的值是字符串时，表示数组中的某个属性名，例如本例中的 unique。这个属性对应的值在整个数组中必须是唯一的（例如本例中的 key0、key1、key2 等）。因为使用 wx:key 属性的组件要用这些属性值作为组件的唯一索引。这样当数组元素的位置发生交换时，也会自动调整组件的状态，这样就可以永远保持让 1 和 3 处于选中的状态。

我们可以按下面的方式修改布局代码。

```
<switch wx:for="{{objectArray}}" wx:key="unique" style="display: block;"> {{item.id}}
 </switch>
<button bindtap="switch"> Switch </button>
```

添加 wx:key 属性后，再次单击“Switch”按钮，会发现无论如何交换数组元素，1 和 3 的选中状态永远不会变，效果如图 4-11 所示。

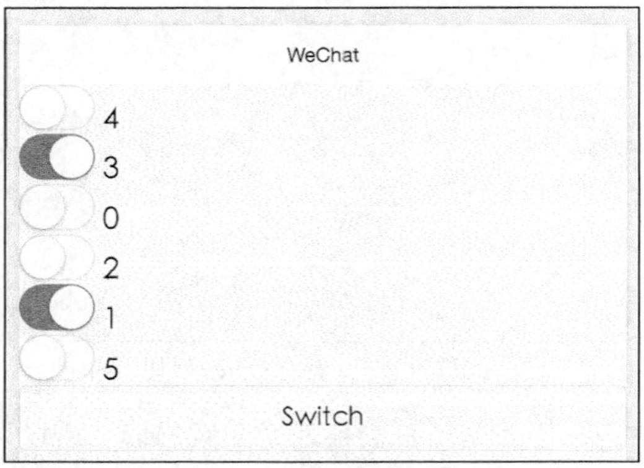

▲图 4-11　1 和 3 的选中状态永远不会变

如果数组元素的类型不是对象，而是字符串或数值，就需要将 wx:key 属性的值设为*this，布局代码如下：

```
<switch wx:for="{{numberArray}}" wx:key="*this" style="display: block;"> {{item}}
</switch>
<button bindtap="addNumberToFront"> Add to the front </button>
```

其中，addNumberToFront 函数的功能是在 numberArray 数组的第 1 个元素的位置插入一个新元素。该函数的实现代码如下：

```
addNumberToFront: function(e){
   this.data.numberArray = [ this.data.numberArray.length +1 ]
                           .concat(this.data.numberArray)
   this.setData({
   numberArray: this.data.numberArray
```

```
    })
}
```

一开始的显示效果如图 4-12 所示。

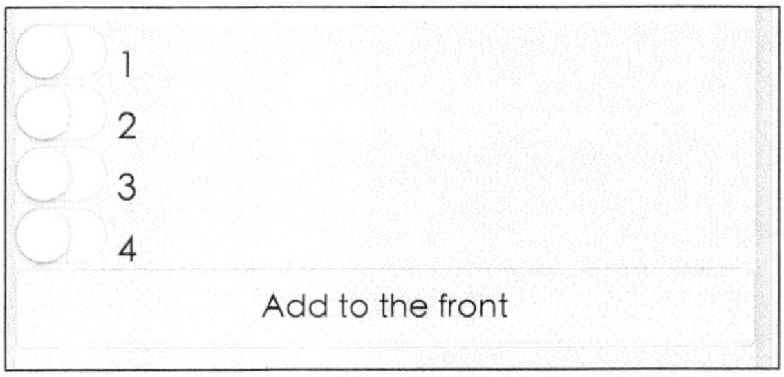

▲图 4-12 默认的显示效果

现在让 1 和 4 处于选中状态，效果如图 4-13 所示。

▲图 4-13 让 1 和 4 处于选中状态

现在单击几次“Add to the front”按钮，会看到如图 4-14 所示的效果。不管添加多少个新元素，1 和 4 永远处于选中状态。

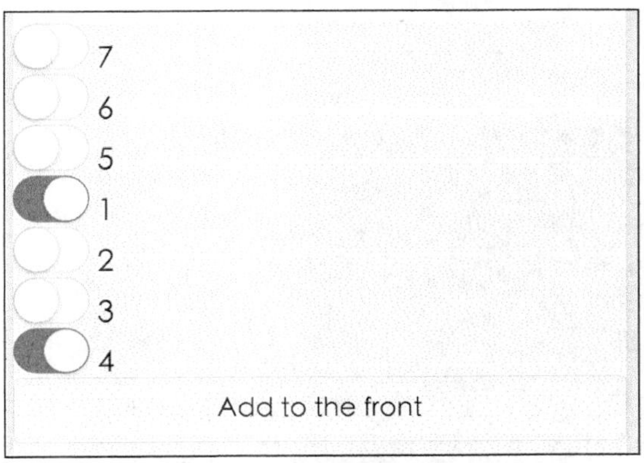

▲图 4-14 1 和 4 永远处于选中状态

如果去掉 wx:key 属性，那么会看到如图 4-15 的效果。处于选中状态的总是第 1 个和第 4 个位置的 switch 组件，而不是显示 1 和 4 的 switch 组件。

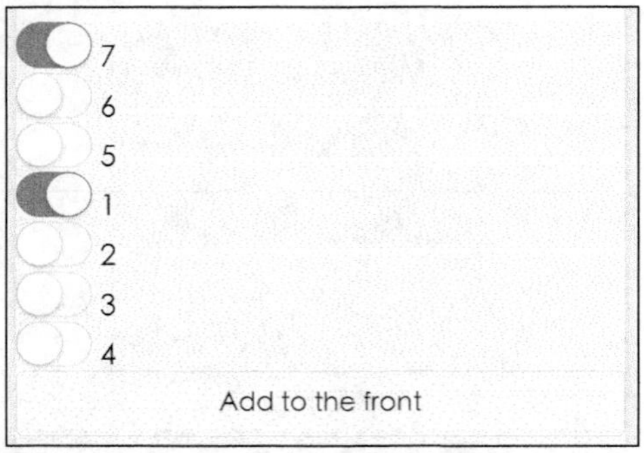

▲图 4-15　第 1 个和第 4 个位置的 switch 组件处于选中状态

4.3 模板

在讲解模板之前，我们先看一个例子。布局代码如下：

```
<view style="display:flex;flex-direction:row">
  <view class="bc_green" style="width:100px;height:100px" />
  <view class="bc_red" style="width:100px;height:100px" />
  <view class="bc_blue" style="width:100px;height:100px" />
  <view class="bc_yellow" style="width:100px;height:100px" />
</view>
<view style="display:flex;flex-direction:row">
  <view class="bc_blue" style="width:100px;height:100px" />
  <view class="bc_yellow" style="width:100px;height:100px" />
  <view class="bc_green" style="width:100px;height:100px" />
  <view class="bc_red" style="width:100px;height:100px" />
</view>
```

根据前面讲解的知识很容易看出，这段布局代码的作用是绘制两行带背景色的方块，效果如图 4-16 所示。

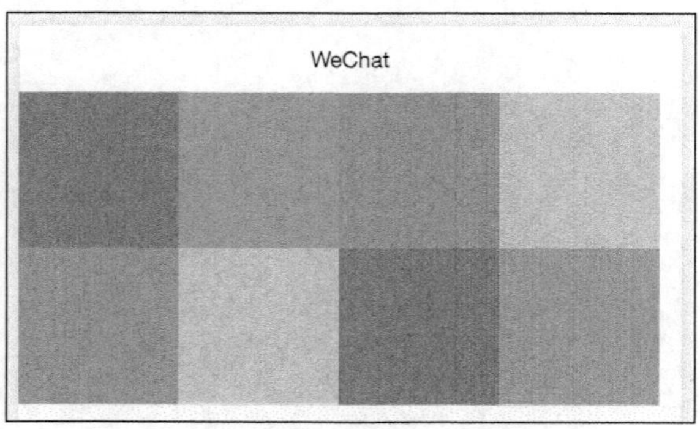

▲图 4-16　绘制两行带背景色的方块

我们的目的并不是回顾如何绘制带背景色的方块，而是要观察这段布局代码。很明显，这段布局代码出现了大量的冗余代码。绘制第一行和第二行方块的布局代码除了使用的设置颜色的样式不同外，其他的代码完全相同。如果在布局代码中，这种情况如果非常多的话，将不太容易维护代码（因为相近的代码太多，要修改需要统一修改），所以就需要将类似的布局代码进行包装，然后直接引用包装后的代码即可，这就是本节要介绍的模板。

模板使用<template>标签定义，例如，将前面输出一行带背景色方块的布局代码封装中模板中的代码如下：

```
<template name="rowSquares">
  <view style="display:flex;flex-direction:row">
    <view class="bc_{{color1}}" style="width:100px;height:100px" />
    <view class="bc_{{color2}}" style="width:100px;height:100px" />
    <view class="bc_{{color3}}" style="width:100px;height:100px" />
    <view class="bc_{{color4}}" style="width:100px;height:100px" />
  </view>
</template>
```

<template>标签中使用 name 属性指定模板名称，相当于函数名，需要通过该名称引用模板。既然是模板，就需要往里面传递参数。color1、color2、color3 和 color4 是需要往里面传递的变量名称。注意，这几个变量不是直接引用的变量，要通过<template>标签的 data 属性传入模板中。

引用模板仍然需要使用<template>标签，通过 is 属性指定模板名称，通过 data 属性向模板传递参数。例如，下面的布局代码引用了前面定义的 rowSquares 模板。

```
<template is="rowSquares" data="{{color1,color2,color3,color4}}" />
```

其中，color1、color2、color3 和 color4 是 4 个变量，代码如下：

```
Page({
  data: {
    color1:'red',
    color2:'green',
    color3:'red',
    color4:'blue',
  },
})
```

这里要着重说明：data 属性传递的 4 个值，并不是直接将这 4 个变量传入模板，而是直接指定 rowSquares 模板要使用的变量。因此，传递变量的顺序无关，所以使用下面的布局代码引用模板，效果是完全一样的。

```
<template is="rowSquares" data="{{color3,color4,color1,color2}}" />
```

那么这就带来一个问题，如果要多次引用模板，每次引用时，4 个方块都使用不同的背景色。这样直接在 data 对象中直接定义变量就意味着所有的引用都会拥有同样背景色的方块，但这并不是我们需要的，因此，我们需要另外一种定义和使用变量的方式。

方法也很简单，将 color1、color2、color3 和 color4 封装在一个对象中即可。例如，下面的代码在 data 中定义了两个对象变量：colorItem1 和 colorItem2。每一个对象中分别定义并初始化了 color1、color2、color3 和 color4 变量。

```
Page({
  data: {
```

```
      colorItem1:{
        color1:'green',
        color2:'blue',
        color3:'yellow',
        color4:'red',
      },
      colorItem2:{
        color1:'red',
        color2:'green',
        color3:'red',
        color4:'blue',
      },
    },
})
```

那么这种形式如何引用呢？其实直接向 rowSquares 模板传递 colorItem1 和 colorItem2 即可。只不过这两个变量前面要加 3 个点的省略号（...），表示 rowSquares 模板需要使用 colorItem1 和 colorItem2 中同名的变量（color1、color2、color3 和 color4）。例如，下面两行代码引用了两次 rowSquares 模板。

```
<template is="rowSquares" data="{{...colorItem1}}" />
<template is="rowSquares" data="{{...colorItem2}}" />
```

我们还可以利用以前学的 block wx:for 来扩展模板，让该模板不仅可以设置方块背景色，还可以设置方块的数量，模板的代码如下：

```
<template name="rowCountSquares">
  <view style="display:flex;flex-direction:row">
    <block wx:for="{{colorArray}}">
        <view class="bc_{{item}}" style="width:100px;height:100px" />
    </block>
  </view>
</template>
```

从 rowCountSquares 模板可知，该模板只接收一个参数：colorArray。该参数是一个数组，定义了不定数量的颜色名称。下面先定义如下 4 个变量，每个变量中都有一个 colorArray 变量，用于定义颜色名称。

```
Page({
  data: {
    colorCountItem1:
    {
      colorArray:['green', 'blue', 'yellow', 'red']
    },
    colorCountItem2:
    {
      colorArray:['blue', 'yellow', 'red']
    },
     colorCountItem3:
    {
      colorArray:[ 'yellow', 'red']
    },
          colorCountItem4:
    {
      colorArray:[  'red']
    },
```

```
  },
})
```

现在使用下面代码引用 4 次 rowCountSquares 模板。

```
<template is=" rowCountSquares " data="{{...colorCountItem1}}" />
<template is=" rowCountSquares " data="{{...colorCountItem2}}" />
<template is=" rowCountSquares " data="{{...colorCountItem3}}" />
<template is=" rowCountSquares " data="{{...colorCountItem4}}" />
```

我们会看到，每一行的方块数都不同，颜色也是交替出现的，如图 4-17 所示。

▲图 4-17　通过模板实现的效果

4.4 引用

微信小程序可以使用 import 和 include 引用另外一个模板，但这两个标签有着本质上的区别，详情如下。

4.4.1 import

通常模板的代码应该放在一个单独的 wxml 文件中。例如，可以新建一个 templates.wxml 文件，将下面的模板代码放到该文件中。

```
<template name="rowSquares">
  <view style="display:flex;flex-direction:row">
    <block wx:for="{{colorArray}}">
        <view class="bc_{{item}}" style="width:100px;height:100px" />
    </block>
  </view>
</template>
```

如果有多个 wxml 文件要使用该模板，需要使用 import 进行引用，代码如下：

```
<import src="templates.wxml"/>
```

当然，这个 templates.wxml 文件也可以放在其他目录。例如，与 index 同一层的 mytemplates 目录中，应该使用下面的代码引用 templates.wxml。

```
<import src="../mytemplates/templates.wxml"/>
```

要注意的是，在 wxml 文件中不能间接导入模板。例如，有 A.wxml、B.wxml 和 C.wxml 3 个文件，在 B.wxml 和 C.wxml 文件中分别定义了 TemplateB 和 TemplateC 两个模板。A import B，B import C。那么在 A 中可以使用 TemplateB，在 B 中可以使用 TemplateC，但在 A 中不能使用 TemplateC。

4.4.2　include

如果想直接将其他 wxml 文件的内容导入当前的 wxml 文件，需要使用<include>标签。该标签直接将指定的 wxml 文件复制到当前的 wxml 文件中。例如，有 A.wxml、B.wxml 和 C.wxml 文件，在 A.wxml 文件中可以使用下面的代码导入 B.wxml 和 C.wxml。

```
<include src="A.wxml"/>
<view>body</view>
<include src="B.wxml"/>
```

要注意的是，<include>标签不会将模板代码导入到当前 wxml 文件中，其他非模板代码都会导入。

4.5　小结

本章主要介绍了视图层的关键技术。为了方便，微信小程序在视图层提供了条件判断和循环的功能。有了这两项功能，就可以不依赖 JavaScript 代码进行逻辑判断，以及根据变量自动产生无限的 UI 组件，极大地方便了程序的编写。而模板和引用将让这种方式变得更简洁。

第5章　基础组件

小程序中有很多组件，其中基础组件用来显示一些静态的信息，也是各种组件中比较常用的。

本章要点

- text 组件
- icon 组件
- progress 组件

5.1 text 组件

text 是小程序中最简单的组件，用于显示文本。该组件支持转义符“\”。text 组件的使用方法如下：

```
<text>要显示的内容</text>
```

text 组件支持嵌套，也就是允许下面的形式。

```
<text>
    要显示的内容
    <text>嵌套的内容</text>
</text>
```

下面是一段完整的使用 text 组件的布局代码，在这段代码中，包含了两个 text 组件（嵌套形式），以及 3 个按钮。在下面的代码中，分别实现了向 text 组件中添加文本、删除文本以及改变 text 组件中文字的颜色。

```
<text style="margin: 20px;font-size: 40px;color: {{color}}">
  {{text}}
  <text style="color:#00ffff">（最后一行）</text>
</text>
<view style="margin: 20px;">
  <button bindtap="add">添加一行</button>
  <button bindtap="remove">删除一行</button>
  <button bindtap="setColor">设置文字颜色</button>
</view>
```

这段布局代码的显示效果如图 5-1 所示。

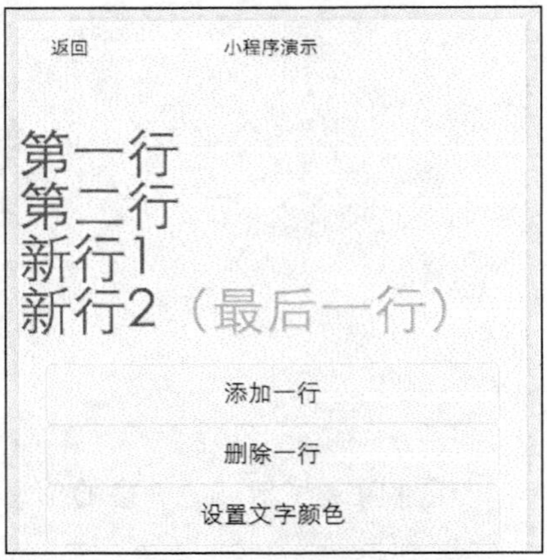

▲图 5-1　text 组件效果演示

这 3 个按钮分别对应 3 个函数：add、remove 和 setColor。通过改变 text 变量的值来改变 text 组件中文本，而通过改变 color 变量的值来设置 text 组件中文本的颜色，完整的实现代码如下：

```
var initData = '第一行\n 第二行'
Page({
  data: {
    text: initData,     //  文本的初始数据
    color: '#ff0000'    //  文本的初始颜色
  },
  extraLine: [],       //  用于保存追加的字符串
  add: function (e) {
    //  最近一个新行
    this.extraLine.push('新行' + (this.extraLine.length + 1));
    this.setData({
      text: initData + '\n' + this.extraLine.join('\n')
    })
  },
  remove: function (e) {
    //  如果有追加的行，从最后一行删除
    if (this.extraLine.length > 0) {
      this.extraLine.pop()
      this.setData({
        text: initData + '\n' + this.extraLine.join('\n')
      })
    }
  },
  setColor: function (e) {
    //  让文本颜色在红色和蓝色之间不断切换
    if (this.data.color == '#ff0000') {
      this.setData(
        {
          color: '#0000ff'
        }
      )
    }
    else {
      this.setData(
        {
          color: '#ff0000'
        }
```

```
          )
        }
      }
    })
```

从这段 JavaScript 代码中可以看出，当单击“添加一行”按钮后，会向 extraLine 数组中添加一行字符串。然后会利用“\n”让字符串折行。

5.2 系统内置图标组件（icon）

icon 组件用于显示系统内置的图标，该组件并不能自己指定图标文件。icon 组件包含如下 3 个属性。

- size：Number 类型，用于设置图标的尺寸，默认值是 23。
- type：String 类型，用于设置系统图标的类型，详细的类型见后面的 JavaScript 代码。
- color：Color 类型，和 css 中的 color 属性的作用相同。该属性没有默认值，如果不指定该属性，每一个类型的图标会使用默认颜色，例如 success 图标的默认颜色是绿色。

下面分别来演示这 3 个属性的使用方法。

下面的布局代码通过循环为 icon 组件显示的图标设置了不同的尺寸。

```
<block wx:for-items="{{iconSize}}">
  <icon type="success" size="{{item}}" />
</block>
```

其中，iconSize 是在 index.js 文件中定义的数组变量。为了方便，下面给出了 index.js 文件的完整代码，其中，iconType 数组定义了目前 icon 组件支持的所有系统图标的类型。

```
Page({
  data: {
    iconSize: [20, 30, 40, 50, 60, 70].reverse(),   //  倒序数组
    iconColor: [
      'red', 'orange', 'yellow', 'green', 'rgb(0,255,255)', 'blue', 'purple'
    ],
    iconType: [
      'success', 'info', 'warn', 'waiting', 'safe_success', 'safe_warn',
      'success_circle', 'success_no_circle', 'waiting_circle', 'circle', 'download',
      'info_circle', 'cancel', 'search', 'clear'
    ]
  }
})
```

在初始化 iconSize 数组时，使用了 reverse 函数将数组元素进行倒序处理，所以前面的布局代码显示的效果如图 5-2 所示。

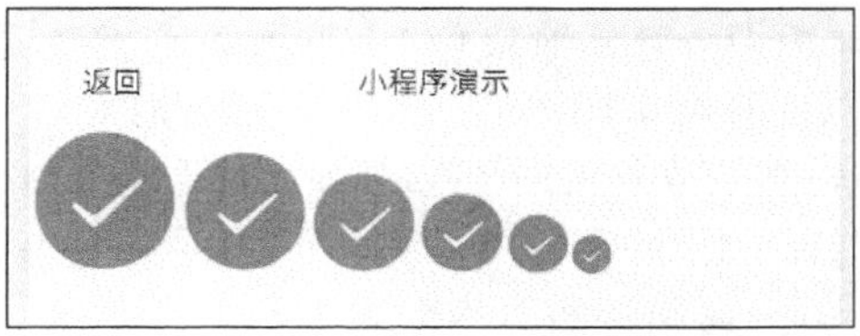

▲图 5-2　从大到小显示 success 图标

下面的布局代码用于根据 iconType 数组显示不同的系统图标，这些图标都会使用默认的颜色，字号都是 45。

```
<view style="margin-top:30px">
  <block wx:for-items="{{iconType}}">
    <icon type="{{item}}" size="45" />
  </block>
</view>
```

显示效果如图 5-3 所示。

▲图 5-3　显示所有的系统图标

下面的布局代码根据 iconColor 数组为 icon 设置不同的颜色。

```
<view style="margin-top:30px">
  <block wx:for-items="{{iconColor}}">
    <icon type="safe_success" size="45" color="{{item}}" />
  </block>
</view>
```

显示效果如图 5-4 所示。

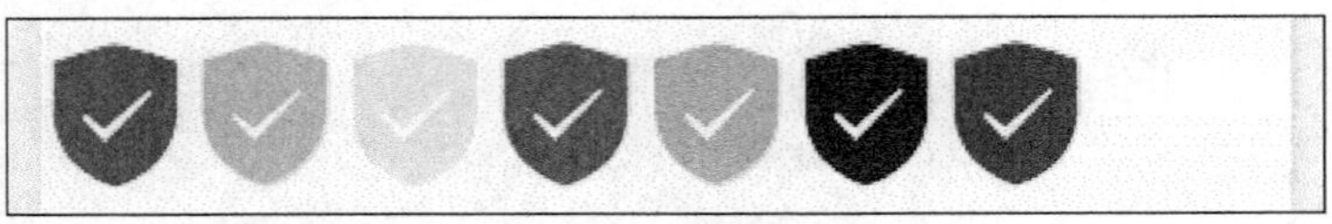

▲图 5-4　为 icon 组件设置不同的颜色

5.3 progress 组件

progress 组件可以设置完成的百分比，该组件有如下 5 个属性。

- percent：Float 类型，默认值是 0，该属性的取值范围是 0～100。
- show-info：Boolean 类型，默认值是 false，如果该属性为 true，会在进度条右侧显示百分比。
- stroke-width：Number 类型，默认值是 6，单位是 px，表示进度条的宽度。
- color：Color 类型，默认值是#09BB07，表示进度条颜色。
- active：Boolean 类型，默认值是 false。如果该属性值为 true，表示进度条在装载时会以动画形式显示（从左到右的动画）。

下面的布局代码演示了 progress 组件的各种用法。

```
<view style="margin:30px">
   <progress percent="20" show-info/>
   <progress percent="40" active/>
   <progress percent="60" stroke-width="10" />
   <progress percent="80" color="#10AEFF" />
</view>
```

显示效果如图 5-5 所示。

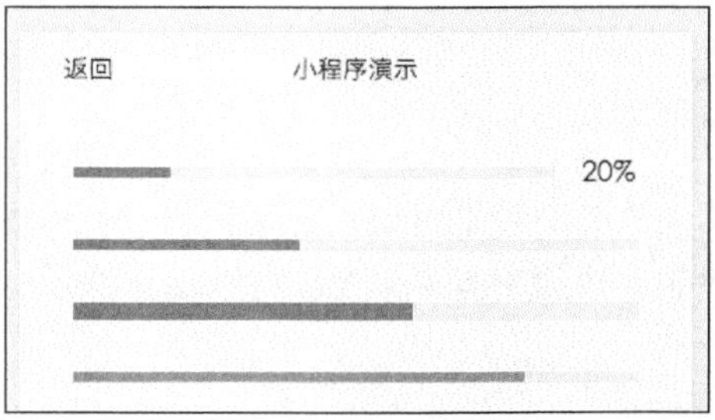

▲图 5-5 进度条效果

5.4 小结

本章详细介绍了 3 个基础组件，分别用来显示文本、系统图标和进度信息。尽管这 3 个组件并不用于与用户交互，但却经常被用于向用户展示各种信息。

第 6 章　表单组件

表单组件和普通的组件区别不大，只是可以通过 form 组件一起获得待提交组件的内容，并统一处理。本章会详细介绍小程序支持的所有表单组件的使用方法。

本章要点

- button 组件
- checkbox 组件
- input 组件
- label 组件
- radio 组件
- switch 组件
- picker 组件
- slider 组件
- textarea 组件
- form 组件

6.1 按钮组件（button）

button 组件是最常用的表达组件，用于响应单击动作。该组件有如下几个属性。

- size：String 类型，默认值是 default，除了 default，还可以设置为 mini。
- type：String 类型，默认值是 default，设置按钮的样式类型，可设置的值包括 primary, default, warn。
- plain：Boolean 类型，默认值是 false，设置按钮是否镂空，背景色透明。
- disabled：Boolean 类型，默认值是 false，设置按钮是否禁用。
- loading：Boolean 类型，默认值是 false，设置按钮标题前是否带显示 loading 图标。
- form-type：String 类型，没有默认值，可以设置的值包括 submit 和 reset，用于 form 组件，点击分别会触发 submit/reset 事件，该属性会在介绍 form 组件时详细讲解。
- hover-class：String 类型，默认值是 button-hover，指定按钮按下去的样式名称。当 hover-class="none" 时，没有点击态效果。

button-hover 的设置为{background-color: rgba(0, 0, 0, 0.1); opacity: 0.7;}。

下面的布局代码详细描述了上述大多数属性的用法（除了 form-type 外）。在这段布局文件中，放置了 6 个 button 组件，其中前 3 个演示了 3 种按钮类型：default、primary 和 warn。并通过 defaultSize、loading、plain 和 disabled 变量分别对 size、loading、plain 和 disabled 属性进行控制。第 1 个按钮点击响应了 default 方法，用来设置按钮的 size 属性（在 default 和 mini 之间切换）。

单击后 3 个按钮分别响应 setDisabled、setPlain 和 setLoading 方法，分别用于设置前 3 个按钮的 disabled、plain 和 loading 属性。第 4 个按钮设置了 hover-class 属性，用来指定按钮按下时的样式名称。

```
<button type="default" size="{{defaultSize}}" loading="{{loading}}" plain="{{plain}}"
 disabled="{{disabled}}" bindtap="default">
    default
</button>
<button type="primary" size="{{primarySize}}" loading="{{loading}}" plain="{{plain}}"
 disabled="{{disabled}}" >
    primary
</button>
<button type="warn" size="{{warnSize}}" loading="{{loading}}" plain="{{plain}}" disab
led="{{disabled}}">
    warn
</button>
<!-- 通过 hover 样式改变了第 4 个按钮按下的效果 -->
<button hover-class="hover" bindtap="setDisabled">点击设置以上按钮 disabled 属性</button>
<button bindtap="setPlain">点击设置以上按钮 plain 属性</button>
<button bindtap="setLoading">点击设置以上按钮 loading 属性</button>
```

其中，hover 样式的代码如下：

```
.hover
{
   background-color: #F00;
   opacity: 0.3;
   font-size: 30px;
}
```

布局的效果如图 6-1 所示。

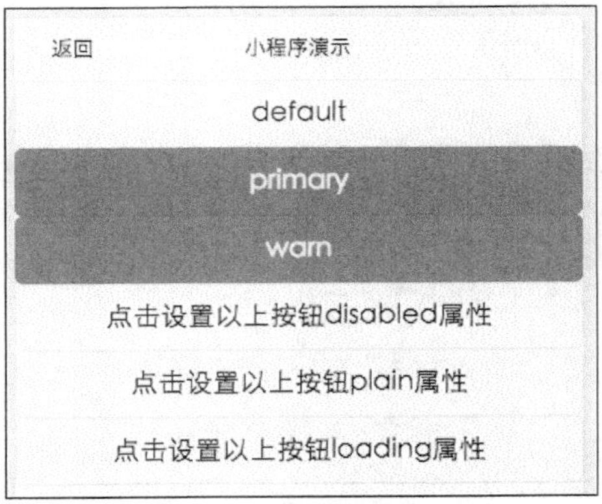

▲图 6-1　按钮演示效果

当单击“default”按钮后，会设置 size 属性值为 mini，效果如图 6-2 所示。

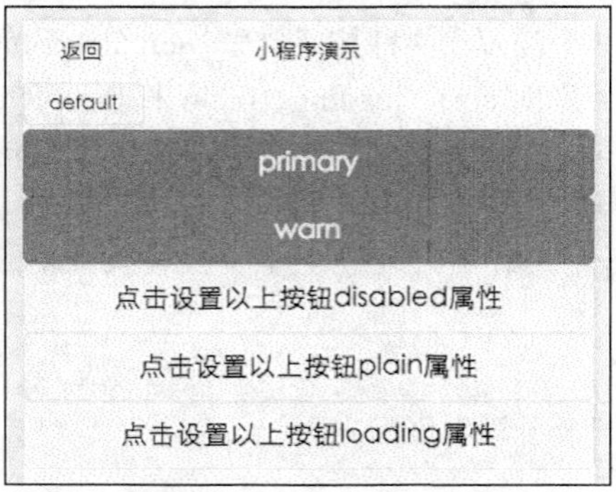

▲图 6-2 按钮 size 设为 mini 的效果

图 6-3 是将前 3 个按钮禁用的效果。

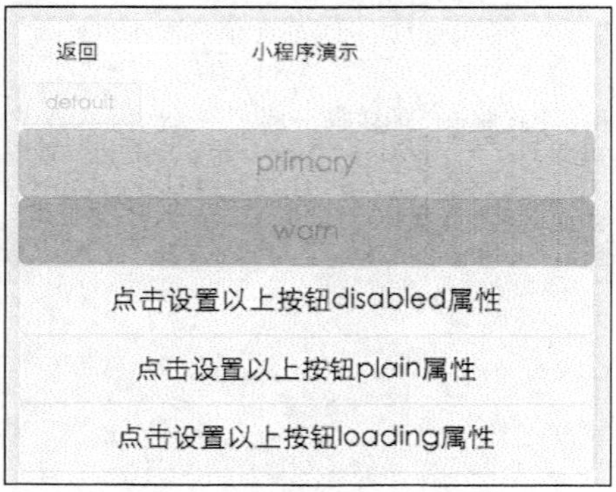

▲图 6-3 将按钮禁用的效果

图 6-4 是将按钮设为镂空的效果。

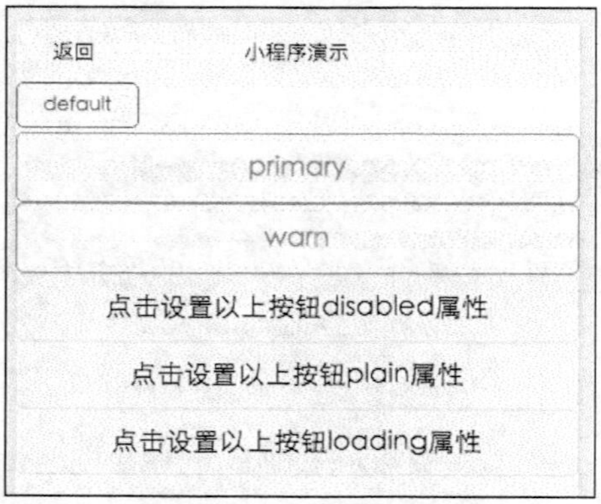

▲图 6-4 将按钮设为镂空的效果

图 6-5 是在按钮标题文本前加 loading 动画的效果。

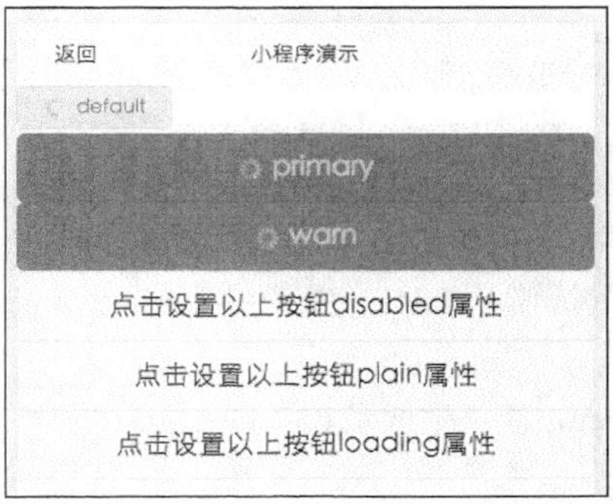

▲图 6-5　按钮标题文本前加 loading 动画的效果

下面是完整的 JavaScript 实现代码。

```
var pageObject = {
  data: {
    defaultSize: 'default',
    primarySize: 'default',
    warnSize: 'default',
    disabled: false,
    plain: false,
    loading: false
  },
  setDisabled: function(e) {
    this.setData({
      disabled: !this.data.disabled
    })
  },
  setPlain: function(e) {
    this.setData({
      plain: !this.data.plain
    })
  },
  setLoading: function(e) {
    this.setData({
      loading: !this.data.loading
    })
  } ,
  default:function(e)
  {
    this.setData(
      {
        defaultSize:this.data['defaultSize']=='default' ? 'mini' : 'default'
      }
    )
  }
}

Page(pageObject)
```

6.2 复选框组件（checkbox）

checkbox 组件的作用是设置选中状态，可以多选，也就是可以把多个 checkbox 放在一起，多个复选框选中后，可以获取选中的结果。checkbox 必须和 checkbox-group 一起使用，checkbox 将作为 checkbox-group 的子组件。

checkbox-group 有一个 bindchange 属性，用于绑定 checkbox 组件变化的事件。checkbox 包含如下 3 个属性。

- value：String 类型，checkbox 组件对应的值，该值可以通过 change 事件的参数获得。
- disabled：Boolean 类，默认值是 false，用于禁用 checkbox 组件。
- checked：Boolean 类，默认值是 false，用于设置 checkbox 组件当前是否被选中，可用来设置默认选中。

下面的布局代码通过 wx:for-items 循环生成了 6 个 checkbox 组件，这些组件都在 checkbox-group 中。

```
<view style="margin:20px">
  <checkbox-group bindchange="checkboxChange">
    <label style="display: block; margin-bottom: 10px;" wx:for-items="{{items}}">
      <checkbox value="{{item.name}}" checked="{{item.checked}}" />{{item.value}}
    </label>
  </checkbox-group>
</view>
```

其中，items 变量和 checkboxChange 函数的代码如下：

```
Page({
  data: {
    items: [
      {name: 'shenyang', value: '沈阳',checked: 'true'},
      {name: 'beijing', value: '北京'},
      {name: 'hangzhou', value: '杭州'},
      {name: 'xian', value: '西安'},
      {name: 'wuhan', value: '武汉'},
      {name: 'shenzhen', value: '深圳'},
    ]
  },
  checkboxChange: function(e) {
    console.log('checkbox 发生 change 事件，携带 value 值为：', e.detail.value)
  }
})
```

运行后，可以选中前 3 个 checkbox 组件，效果如图 6-6 所示。

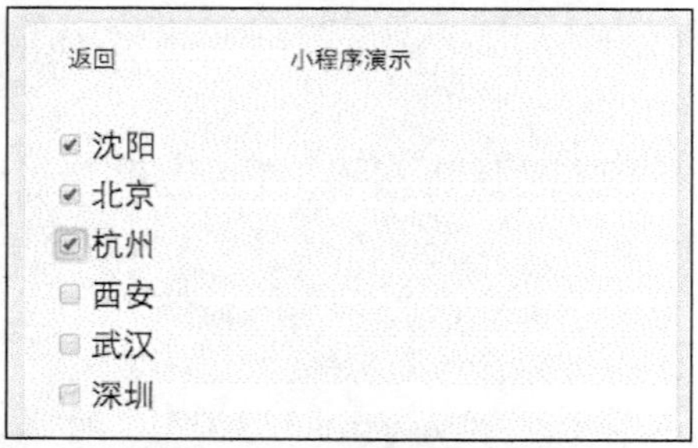

▲图 6-6 checkbox 组件效果

当选中前 3 个 checkbox 组件后，会输出如图 6-7 所示的日志信息。

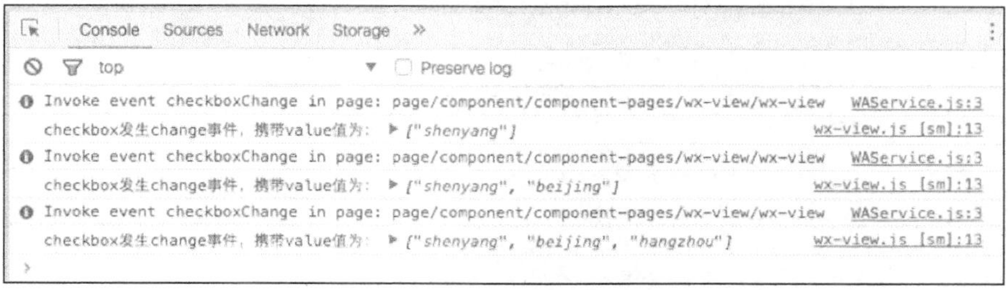

▲图 6-7 选中 checkbox 组件时输出的日志信息

6.3 文本输入组件（input）

input 组件用于文本录入，尽管 input 的基本功能是文本录入，但该组件的属性还是比较多的，也比较复杂。下面是 input 属性的属性及其含义。

- value：String 类型，输入框的当前内容。
- type：String 类型，默认值是 text。可指定的值：text，number，idcard，digit。
- password：Boolean 类型，默认值是 false，是否以密码形式录入文本（所有的文本字符都显示为点）。
- placeholder：String 类型，输入框为空时显示的文本。
- placeholder-style：String 类型，指定 placeholder 的样式。
- placeholder-class：String 类型，指定 placeholder 的样式名称。
- disabled：Boolean 类型，默认值是 false，表示是否禁用输入框。
- maxlength：Number 类型，默认值是 140，表示文本最大输入长度，设置为-1 时不限制最大长度。
- auto-focus：Boolean 类型，默认值是 false。该属性为 true，可以让当前输入框自动获得焦点，并且自动弹出软键盘。该属性只能在真机上测试，小程序开发工具目前没有软键盘。同一个 wxml 文件中，只能有一个输入框设置该属性为 true，输入框还包括后面要介绍的 textarea 组件。
- focus：Boolean 类型，默认值是 false，该属性可以让输入框获的焦点，目前开发工具暂不支持，只能在真机上测试。
- bindinput：EventHandle 类型 ，除了 date/time 类型外的输入框，当键盘输入时，触发 input 事件，event.detail = {value: value}，处理函数可以直接 return 一个字符串，将替换输入框的内容。
- bindfocus ：EventHandle 类型，输入框获得焦点时触发，event.detail = {value: value}。
- bindblur：EventHandle 类型，输入框失去焦点时触发，event.detail = {value: value}。

注意：这些属性中，auto-focus 和 focus 目前只能在真机上测试。

下面的布局代码演示了这些属性常用的使用方法。

```
<view style="margin:20px">
  <input placeholder="请输入你的名字" value="默认值" />
  <input placeholder-style="color:red" placeholder="占位符字体是红色的" auto-focus/>
```

```
    <input style="margin-top:20px" placeholder="这个只有在按钮点击的时候才聚焦"focus="{{focus}}" />
    <button bindtap="bindButtonTap">使得输入框获取焦点 ( 在真机上测试 ) </button>
    <input style="margin-top:20px" maxlength="5" placeholder="最大输入长度 5" />
    <view style="margin-top:20px">你输入的是: {{inputValue}}</view>
    <input bindinput="bindKeyInput" placeholder="输入同步到 view 中" />
    <input style="margin-top:20px" bindinput="bindReplaceInput" placeholder="将<和>进行转
义" />
    <input style="margin-top:20px" bindinput="bindHideKeyboard" placeholder="输入 close 自
动收起键盘" />
    <input style="margin-top:20px" type="emoji" placeholder="这是一个带有表情的输入框" />
    <input type="digit" placeholder="带小数点的数字键盘" />
    <input type="idcard" placeholder="身份证输入键盘" />
    <input password="true" placeholder="请输入密码" />
</view>
```

显示的效果如图 6-8 所示。

在布局代码中，通过 bindinput 事件校验用的输入，如果输入 close，则关闭键盘（需要在真机上测试，模拟器不支持软键盘）。input 还支持几种输入类型，如数字、身份证、表情等，这些输入类型并不是指不能输入其他的字符，而是指软键盘的类型。例如，数字输入类型，弹出的是输入键盘（只包含 10 个数字键和其他几个字符的软键盘）。图 6-9 是弹出的身份证输入类型（左下角多了一个 x 键，和数字键盘类似）。

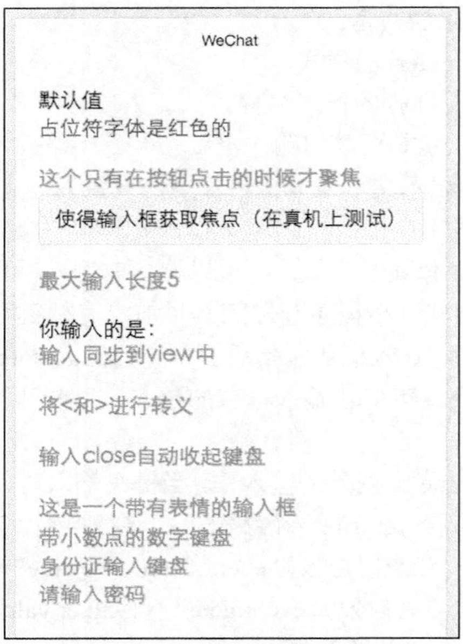

▲图 6-8　input 显示效果

▲图 6-9　身份证键盘

图 6-10 所示是输入表情的软键盘。

图 6-11 所示是弹出的默认软键盘。

▲图 6-10 输入表情的软键盘

▲图 6-11 默认的软键盘

完整的实现代码如下：

```
Page({
  data:{
    focus:false,
    inputValue:""
  },
  bindButtonTap:function(){
    this.setData({
      focus:true
    })
  },
  bindKeyInput:function(e){
    this.setData({
      inputValue:e.detail.value
    })
  },
  //  当输入<和>是，会自动转换为&lt;和&gt;
  bindReplaceInput:function(e){
    var value = e.detail.value;
    var pos = e.detail.cursor;
    if(pos != -1){
      //光标在中间
      var left = e.detail.value.slice(0,pos);
      //计算光标的位置
      pos = left.replace(/</g,'&lt;').replace(/>/g,'&gt;').length;
    }
    //直接返回对象，可以对输入进行过滤处理，同时可以控制光标的位置
    return {
      value:value.replace(/</g,'&lt;').replace(/>/g,'&gt;'),
      cursor:pos
```

```
      }
    },
    bindHideKeyboard:function(e){
      if(e.detail.value === "close"){
        //收起键盘
        wx.hideKeyboard();
      }
    }
})
```

6.4 可与其他组件绑定的文本组件（label）

可能有很多读者认为 label 和 text 相似，都是用来显示文本的。其实 label 和 text 有很大的不同，label 本身也不能显示任何文本，该组件只是与其他组件进行绑定。目前这些可绑定的组件包括 button、checkbox、radio 和 switch。

注意：本节涉及到的部分组件会在本章后面的部分详细讲解。

为什么要绑定呢？这是因为尽管这些组件可以显示文本，但除了 button 外，其他组件单击文本是不会自动选中当前组件的。因此，需要使用 label 组件以某种方式将这些组件和文本绑定到一起，不管是直接点击组件本身，还是点击组件旁边的文本，都会选中当前组件。

将 label 与其他组件绑定有如下两种方式。

- 将其他组件作为 label 的子组件。
- 通过 label 组件的 for 属性指定要绑定的其他组件。

第 1 种方式只是用 label 组件即可，不需要使用任何属性。第 2 种方式，label 组件只包含文本组件（text），通常与要绑定的组件是平级的。下面先看第 1 种方式的实现。

先用 checkbox 组件为例，布局代码如下：

```
<view style="margin:20px" wx:for-items="{{checkboxItems}}">
  <label>
    <checkbox value="{{item.name}}" checked="{{item.checked}}"></checkbox>
    <text>{{item.value}}</text>
  </label>
</view>
```

从这段布局代码可以看出，label 组件中包含了一个 checkbox 组件和一个 text 组件，其中，checkboxItems 数组的代码如下：

```
checkboxItems: [
    {name: 'USA', value: '美国'},
    {name: 'CHN', value: '中国', checked: 'true'},
    {name: 'BRA', value: '巴西'},
    {name: 'JPN', value: '日本', checked: 'true'},
    {name: 'ENG', value: '英国'},
    {name: 'FRA', value: '法国'},
  ]
```

布局的显示效果如图 6-12 所示。

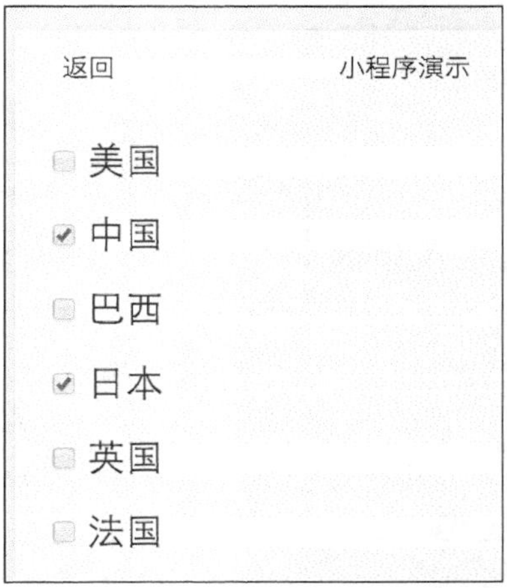

▲图 6-12　checkbox 组件的显示效果

从表面上看，label 组件好像有点多余，如果将 label 组件去掉，将 checkbox 和 text 组件直接作为 view 的子组件，显示的效果和图 6-12 所示的效果完全一样。布局代码如下：

```
<view style="margin:20px" wx:for-items="{{checkboxItems}}">
  <checkbox value="{{item.name}}" checked="{{item.checked}}"></checkbox>
  <text>{{item.value}}</text>
</view>
```

不过我们发现，如果不使用 label 组件，只有直接单击 checkbox 本身，checkbox 组件才会有反应，单击后面的文本，checkbox 组件毫无反应。如果使用 label 组件，无论单击 checkbox，还是单击后面的文本（text 组件），checkbox 组件都会有反应，这就是将 label 和 checkbox 组件绑定后的效果。

可能有的读者会问，如果 label 中包含多个可绑定的组件，如多个 checkbox，系统会如何处理呢？例如，下面布局代码中 label 组件包含了 3 个 checkbox 子组件。

```
<view style="margin:20px" wx:for-items="{{checkboxItems}}">
  <label>
    <checkbox value="{{item.name}}" checked="{{item.checked}}"></checkbox>
    <checkbox value="{{item.name}}" checked="{{item.checked}}"></checkbox>
    <checkbox value="{{item.name}}" checked="{{item.checked}}"></checkbox>
    <text>{{item.value}}</text>
  </label>
</view>
```

布局的显示效果如图 6-13 所示。

如果单击 checkbox 后面的文本，系统的处理原则是只触发第 1 个 checkbox（其他组件也使用这个规则）。例如，单击“美国”，触发的结果如图 6-14 所示。当然，我们也可以通过直接单击 checkbox 触发另外两个 checkbox 组件。

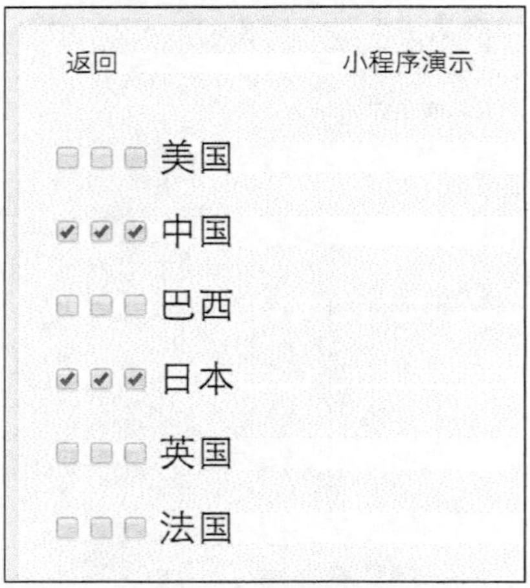

▲图 6-13　多个 checkbox 组件的显示效果

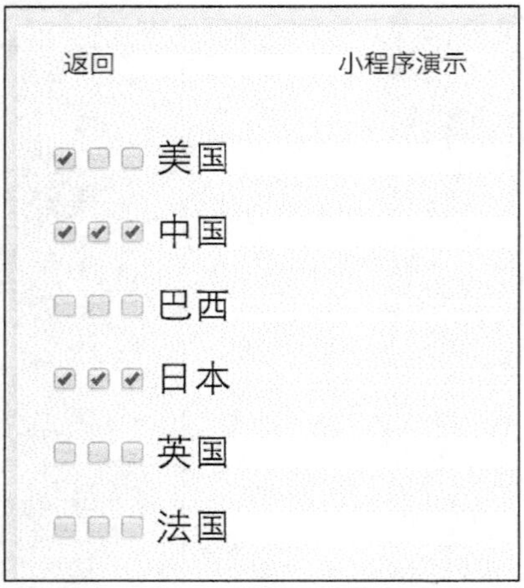

▲图 6-14　多个 checkbox 触发的效果

下面来看第二种绑定方式，先看下面的布局代码。

```
<radio-group>
  <view style="margin:20px" wx:for-items="{{radioItems}}">
    <radio id="{{item.name}}" value="{{item.name}}" checked="{{item.checked}}"></radio>
    <label for="{{item.name}}">
      <text>{{item.name}}</text>
    </label>
  </view>
</radio-group>
```

很明显，label 组件并未包含 radio 组件，而只包含了一个 text 组件，用来显示与 radio 组件对应的文本。其中，radioItems 数组的代码如下：

```
radioItems: [
    {name: 'USA', value: '美国'},
    {name: 'CHN', value: '中国', checked: 'true'},
    {name: 'BRA', value: '巴西'},
    {name: 'JPN', value: '日本'},
    {name: 'ENG', value: '英国'},
    {name: 'FRA', value: '法国'},
 ]
```

布局的显示效果如图 6-15 所示。

从布局代码来看，label 组件多了一个 for 属性，该属性是 String 类型，用来指定与 label 中文本绑定的组件的 id。其中，radio 组件的 id 是“{{item.name}}”，而 for 属性的值也是“{{item.name}}”。这说明，label 中文本与 item.name 指定的 radio 组件绑定。所以无论单击 radio 组件本身，还是单击后面的文本，都会触发 radio 组件。

还记得本节前面给出的包含 3 个 checkbox 组件的布局代码吗？如果用 label 组件包含所有的 checkbox 组件，那么默认只能触发第 1 个 checkbox 组件，如果想触发指定的 checkbox 或其他可绑定组件，就需要使用第二种绑定方式，通过 label 组件的 for 属性指定要绑定组件的 id。下面的布局代码允许单击 checkbox 后面的文本，触发第 2 个 checkbox 组件。

▲图 6-15　radio 组件的显示效果

```
<view style="margin:20px" wx:for-items="{{checkboxItems}}">
  <checkbox value="{{item.name}}" checked="{{item.checked}}"></checkbox>
  <checkbox id="bind_checkbox{{index}}"
       value="{{item.name}}" checked="{{item.checked}}"></checkbox>
  <checkbox value="{{item.name}}" checked="{{item.checked}}"></checkbox>
  <label for="bind_checkbox{{index}}">
    <text>{{item.value}}</text>
  </label>
</view>
```

从这段代码可以看出，第 2 个 checkbox 组件的 id 属性和 label 组件的 for 属性的值都是“bind_checkbox{{index}}”，表明文本与这个 checkbox 组件已经绑定。这时如果单击文本，会触发第 2 个 checkbox 组件。

6.5 单选组件（radio）

radio 是选项按钮组件，该组件不能单独使用，必须作为 radio-group 的子组件使用，否则多个 radio 只有一个被选中。

如果要监听 radio 组件的触发事件，需要使用 radio-group 组件的 bindchange 属性，该属性绑定的函数需要指定一个参数（假设为 event），通过 event.detail.value，可获取当前选中了哪个 radio。

radio 组件有如下 3 个属性。

- value：String 类型，radio 组件的返回值。当 radio 组件被选中时，radio-group 组件的 change 事件会返回选中 radio 组件的 value 值，也就是 event.detail.value 返回的值。
- checked：Boolean 类型，默认值时 false，表示当前 radio 组件是否被选中。
- disabled：Boolean 类型，默认值时 false，表示当前 radio 组件是否被禁用。

下面的布局代码演示了如何使用 radio 组件，在 label 组件中使用了 wx:for-items 属性，生成了多个 radio（根据 items 数组元素个数），并利用当前数组元素对象的不同属性分别设置了边距（margin）、radio 组件的 value 属性值、radio 组件默认是否被选中（checked），以及 radio 组件后面显示的文本。

```
<radio-group bindchange="radioChange">
  <label style="display:block;margin:{{item.margin}}px" wx:for-items="{{items}}">
    <radio value="{{item.name}}" checked="{{item.checked}}" />{{item.value}}
  </label>
</radio-group>
```

布局的显示效果如图 6-16 所示。

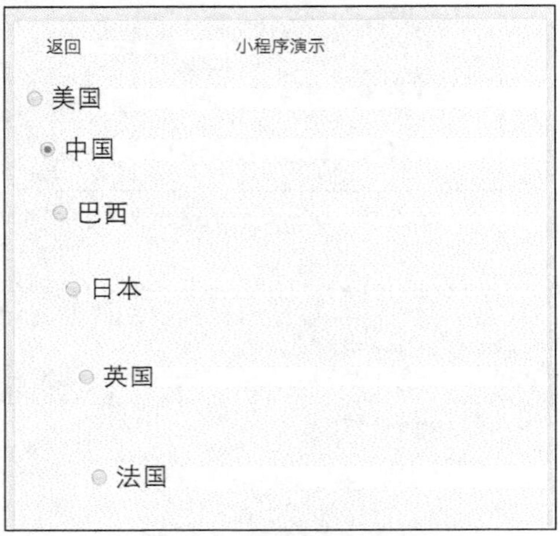

▲图 6-16　radio 组件的效果

实际上，这段布局代码如果不适用循环，相当于如下形式。也就是说，wx:for-items 属性会循环生成多个 label 组件以及子组件。

```
<radio-group bindchange="radioChange">
  <label style="display:block;margin:10px" >
    <radio value="USA" checked="false" />美国
  </label>
  <label style="display:block;margin:20px" >
    <radio value="CHN" checked="true" />中国
  </label>
  … …
  //  省略了其他 label 标签
</radio-group>
```

要注意的是，如果 radio-group 中有多个 radio 组件的 checked 属性都设为 true，那么系统会默认选中最后一个 checked 属性设为 true 的 radio 组件。

下面是完整的 JavaScript 代码的实现。

```
Page({
  data: {
    items: [
      {name: 'USA', value: '美国', margin:10},
      {name: 'CHN', value: '中国', checked: 'true',margin:20},
      {name: 'BRA', value: '巴西',margin:30},
      {name: 'JPN', value: '日本',margin:40},
```

```
        {name: 'ENG', value: '英国',margin:50},
        {name: 'FRA', value: '法国',margin:60},
      ]
    },

    //  相应 radio 组件变化的函数
    radioChange: function(e) {
      console.log('radio 发生 change 事件，携带 value 值为：', e.detail.value)
    }
  })
```

6.6 开关组件（switch）

switch 组件用于设置二值切换，可以有 iOS 和 Android 两种风格，默认是 iOS 风格。该组件有如下 3 个属性。

- checked：Boolean 类型，默认值是 false，表示默认是否选中 switch 组件。
- type：String 类型，默认值是 switch，该属性值还可以是 checkbox。其中，switch 是 iOS 风格的开关组件，checkbox 是 Android 风格的开关组件（也称为复选框组件）。
- bindchange：EventHandle 类型，checked 改变时触发 change 事件（假设 event 为事件函数的参数），通过 event.detail.value 可以获得 switch 当前选中的状态（true 或 false）。

下面的布局代码同时演示了 iOS 和 Android 风格的 switch 组件的效果，并使用 label 组件将一个文本和指定 switch 组件进行绑定。并且 4 个 switch 组件都和 switchChange 函数绑定，当 checked 变化时，switchChange 函数会被调用。

```
<view style="flex-direction:column;display:flex">
  <label>
<switch style="margin:20px;" checked="{{switch1Checked}}"
        bindchange="switchChange"/>
    <text>Switch1</text>
  </label>
  <label>
    <switch style="margin:20px;" checked="{{switch2Checked}}"
            bindchange="switchChange" />
    Switch2
  </label>
  <label>
    <switch style="margin:20px;" checked="{{switch1Checked}}" bindchange="switchChange"
            type="checkbox" />
    Checkbox
  </label>
  <label>
    <switch style="margin:20px;" checked="{{switch2Checked}}" bindchange="switchChange"
            type="checkbox" />
    Checkbox
  </label>
</view>
```

布局的显示效果如图 6-17 所示。

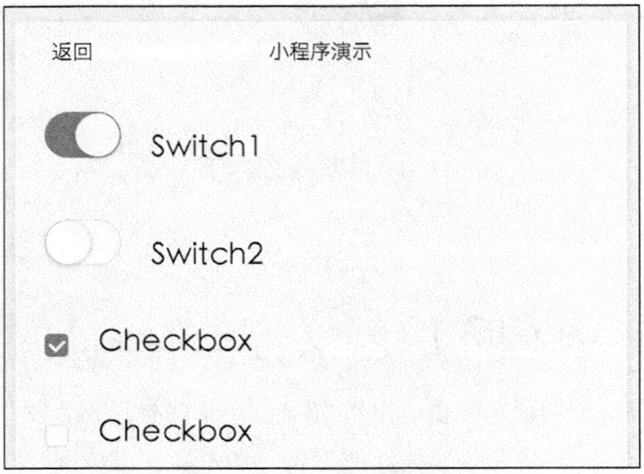

▲图 6-17　switch 组件的两种风格演示

完整的 JavaScript 实现代码如下：

```
var pageData = {
  data: {
    switch1Checked: true,
    switch2Checked: false,
  }
  ,
  switchChange:function (e)
  {
    console.log(e.detail.value);
  }
}
Page(pageData)
```

当单击 switch 组件时，会在 Console 中输入如图 6-18 所示的日志信息。如果经测试发现，尽管单击 switch 组件后的文本可以触发 switch 组件，但却无法触发 change 事件，那么这可能是一个 bug，估计以后版本会有所改进。

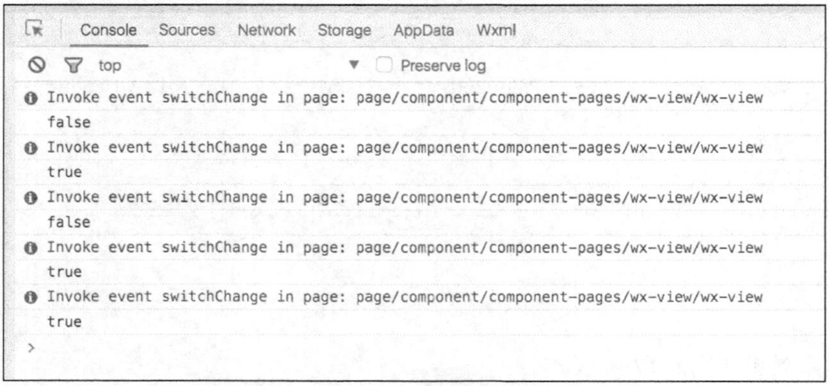

▲图 6-18　选择 switch 组件时输出的日志信息

6.7 滚动组件（picker）

picker 组件用于从列表中选择一个 item，效果有点像 iOS 的 ActionSheet，从窗口的底部弹出，选择一个 item 后关闭。picker 可用于选择普通的 item，也可以用于选择时间和日期。

我们可以使用 picker 组件的 mode 属性设置这 3 种列表方式。mode 可以设置的值是 selector、time 和 date，默认值为 selector。其中，selector 表示普通的列表，time 表示时间列表，date 表示日期列表。

bindchange 属性也是公用的，EventHandle 类型，value 改变时触发 change 事件。

（1）mode 属性值为 selector 时需要设置的属性

- range：数组类型，表示 picker 的数据源。默认值是元素个数为 0 的数组（[]）。
- value：Number 类型，表示选择的 item 的索引，从 0 开始。默认值是 0。

（2）mode 属性值为 time 时需要设置的属性

- value：String 类型，表示选中的时间，格式为“hh:mm”。
- start：String 类型，表示有效时间范围的开始，字符串格式为“hh:mm”。
- end：String 类型，　表示有效时间范围的结束，字符串格式为“hh:mm”。

（3）mode 属性值为 date 时需要设置的属性

- value：String 类型，默认值是 0，表示选中的日期，格式为“YYYY-MM-DD”。
- start：String 类型，表示有效日期范围的开始，字符串格式为“YYYY-MM-DD”。
- end：String 类型，　表示有效日期范围的结束，字符串格式为“YYYY-MM-DD”。
- fields：String 类型，默认值时 day，可设置的值包括 year、month 和 day，表示选择器显示的日期。例如，如果设为 month，日期选择器只会显示年和月，不会显示日。

下面的布局代码使用了 3 个 picker 组件演示了上述 3 种 picker 组件的使用方法。

```
<view style="margin:20px">
  <view style="margin-left:15px">地区选择器</view>
  <picker bindchange="bindPickerChange" value="{{index}}" range="{{array}}">
    <view style="padding: 13px;">
      当前选择：{{array[index]}}
    </view>
  </picker>
</view>
<view style="margin:20px">
  <view style="margin-left:15px">时间选择器</view>
  <picker mode="time" value="{{time}}" start="09:01" end="21:01"
          bindchange="bindTimeChange">
    <view style="padding: 13px;">
      当前选择：{{time}}
    </view>
  </picker>
</view>
<view style="margin:20px">
  <view style="margin-left:15px">日期选择器</view>
  <picker mode="date" value="{{date}}" start="2015-09-01" end="2017-09-01"
        bindchange="bindDateChange">
    <view style="padding: 13px;">
```

```
      当前选择: {{date}}
    </view>
  </picker>
</view>
```

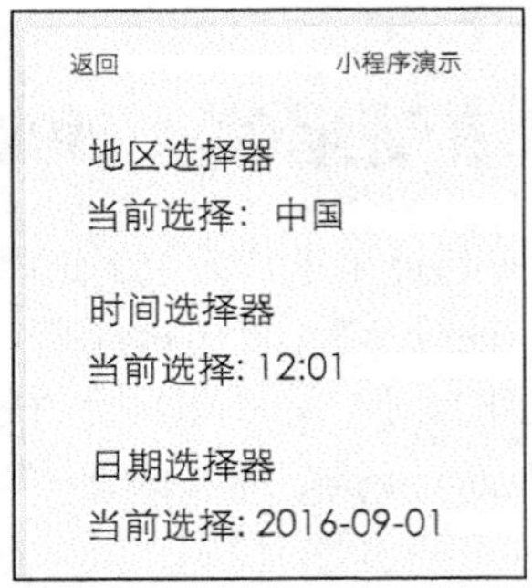

▲图 6-19　未显示选择列表的 picker 组件显示效果

显示效果如图 6-19 所示。

单击第 1 个 picker 组件，会弹出如图 6-20 所示的列表，可上下滑动选择 item，然后单击“确定”按钮选中该 item，并显示在 picker 组件上。

单击第 2 个 picker 组件，会弹出如图 6-21 所示的时间选择列表。

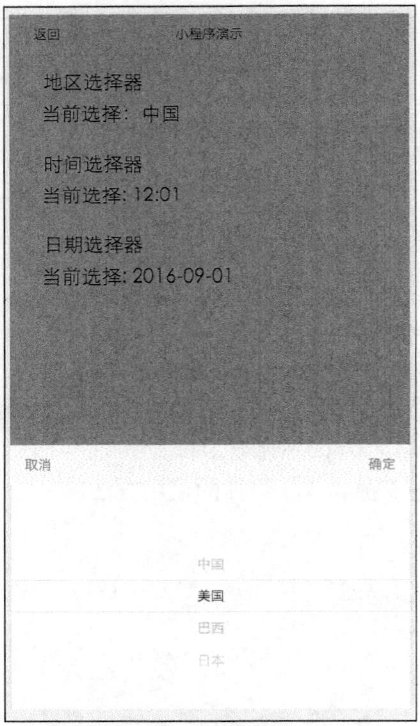

▲图 6-20　普通 picker 选择列表的效果

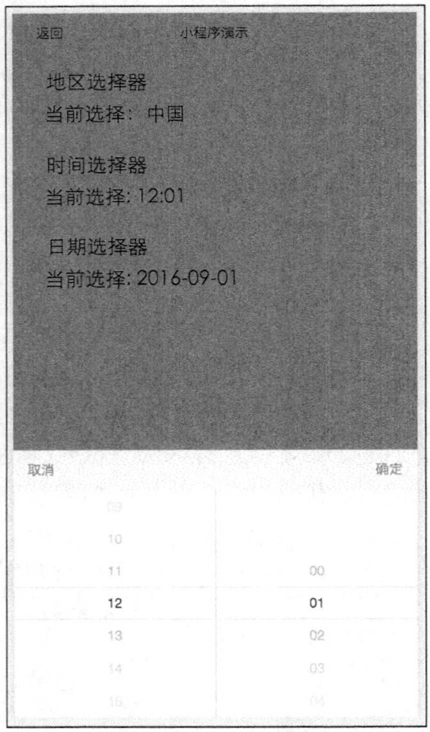

▲图 6-21　时间选择列表

单击第 3 个 picker 组件，会弹出如图 6-22 所示的日期选择列表。

前面的布局代码，在设置日期选择列表时未使用 fields 属性。如果指定 fields 属性，将改变日期的显示粒度，例如，下面的布局代码将 fields 属性值设为 year。

```
<picker mode="date" value="{{date}}" start="2015-09-01" end="2017-09-01" bindchange=
"bindDateChange" fields="year" >
  <view style="padding: 13px;">
    当前选择: {{date}}
  </view>
</picker>
```

布局的显示效果如图 6-23 所示，选择的结果也会以年的形式显示。

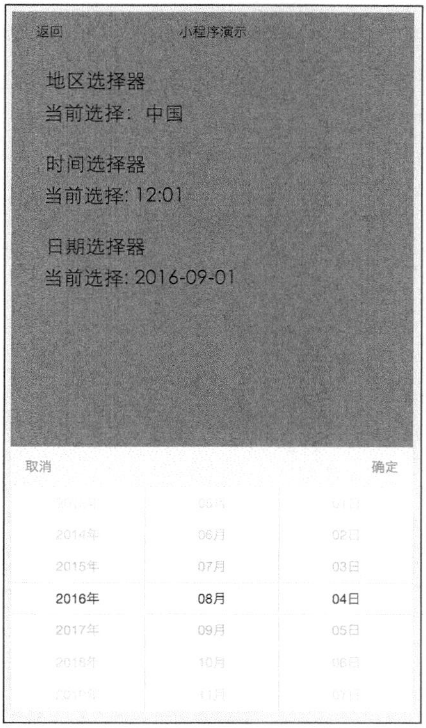

▲图 6-22　日期选择列表

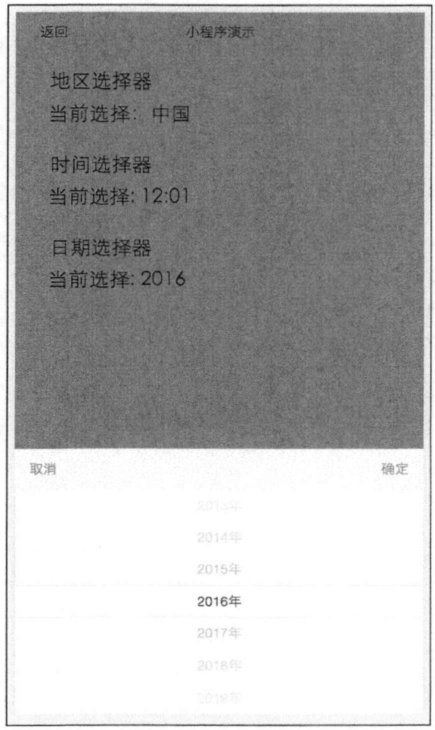

▲图 6-23　只显示年的日期选择列表

6.8 滑杆组件（slider）

slider 组件用于通过滑杆改变数值，该组件有如下几个属性。

- min：Number 类型，默认值是 0，表示滑杆能滑动的　最小值。
- max：Number　类型，默认值是 100，表示滑杆能滑动的最大值。
- step：Number 类型，默认值是 1，表示滑杆滑动的步长，取值必须大于 0，并且可被 max - min 整除。
- disabled：Boolean 类型，默认值是 false，表示 slider 组件是否禁用。
- value：Number 类型，默认值是 0，slider 组件当前的值。
- show-value：Boolean 类型，默认值是 false，表示是否显示当前的值（在 slider 组件的右侧显示）。
- bindchange：EventHandle 类型，完成一次拖动后触发的事件（假设 event 是事件触发的函数的参数），event.detail.value 可获取当前的值。

下面的布局代码放置了 3 个 slider 组件，第 1 个 slider 组件设置了 step 属性值为 5，并没有指定 show-value 属性，所以第 1 个 slider 组件不会在右侧显示当前的值。后两个 slider 组件都设置了

show-value 属性，所以这两个 slider 组件可以在右侧显示当前的值。

```
<view style="margin:20px">
  <view style="margin:20px">
    <text style="margin:15px">设置 step</text>
    <slider value="60" bindchange="slider1change" step="5" />
  </view>
  <view style="margin:20px">
    <text style="margin:15px">显示当前 value</text>
    <slider value="50" bindchange="slider2change" show-value/>
  </view>
  <view style="margin:20px">
    <text style="margin:15px">设置最小/最大值</text>
    <slider value="100" bindchange="slider3change" min="50" max="200" show-value/>
  </view>
</view>
```

布局的效果如图 6-24 所示。

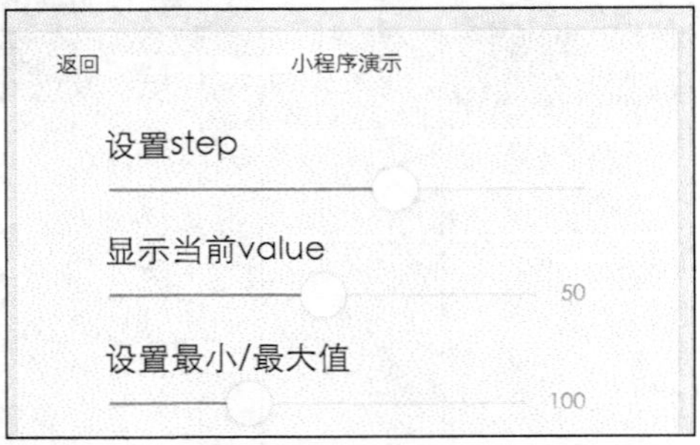

▲图 6-24　slider 组件

完整的 JavaScript 实现代码如下：

```
var pageData = {}
for(var i = 1; i < 4; ++i) {
  (function (index) {
    pageData[`slider${index}change`] = function(e) {
      console.log(`slider${index}发生 change 事件，携带值为`, e.detail.value)
    }
  })(i);
}
Page(pageData)
```

这段代码通过循环，动态生成了 3 个事件函数（slider1change、slider2change 和 slider3change），当滑动 slider 组件的滑杆时，会在 Console 中输出如图 6-25 所示的日志信息。

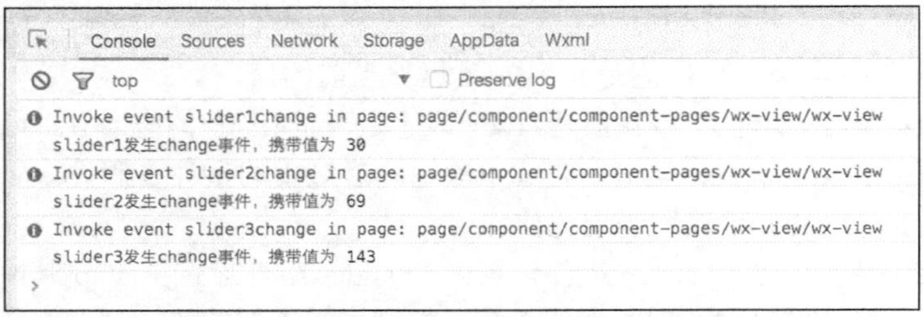

▲图 6-25　滑动 slider 滑杆时在 Console 的输出结果

6.9 多行输入框组件（textarea）

textarea 允许输入多行文本，如果文本行数超过 textarea 组件的高度，会出现垂直滚动条。textarea 有如下几个属性。

- value：String 类型，输入框的内容。
- placeholder：String 类型，输入框为空时显示的文本。
- placeholder-style：String 类型，指定 placeholder 的样式。
- placeholder-class：String 类型，指定 placeholder 的样式类名称。
- disabled：Boolean 类型，默认值是 false，是否禁用 textarea 组件。
- maxlength：Number 类型，默认值是 140，最大输入长度，设置为 0 时不限制最大长度。
- auto-focus：Boolean 类型，默认值是 false，用于自动聚焦。当获得焦点后，自动弹出软键盘，当前页面中只能有一个 <textarea/> 或 <input/> 设置 auto-focus 属性。
- focus：Boolean 类型，默认值是 false，获取焦点（开发工具暂不支持）。
- auto-height：Boolean 类型，默认值是 false，表示是否自动增高。设置 auto-height 时，style.height 不生效。
- bindfocus：EventHandle 类型，输入框聚焦时触发。
- bindblur：EventHandle 类型，输入框失去焦点时触发。
- bindlinechange：EventHandle 类型，输入框行数变化时调用。

下面的布局代码演示了 textarea 组件的基本用法，由于第 1 个 textarea 组件设置了 auto-height 属性，所以该组件会随着行数的增加而变高。

```
<view style="margin:20px">
  <textarea bindblur="bindTextAreaBlur" auto-height placeholder="自动变高"
style= "background:#ff0"/>
</view>
<view style="margin:20px">
  <textarea placeholder="placeholder 颜色是红色的" placeholder-style="color:red;"  />
</view>
<view style="margin:20px">
  <textarea placeholder="这是一个可以自动聚焦的 textarea" auto-focus />
</view>
<view style="margin:20px">
  <textarea placeholder="这个只有在按钮点击的时候才聚焦" focus="{{focus}}" />
  <view class="btn-area">
    <button bindtap="bindButtonTap">使得输入框获取焦点</button>
  </view>
</view>
```

布局的显示效果如图 6-26 所示。

如果在第 1 个 textarea 组件中不断输入新行，那么 textarea 组件的高度会不断增加，效果如图 6-27 所示。

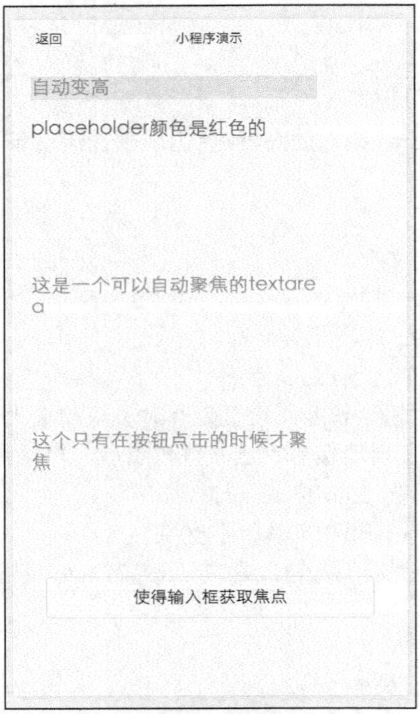

▲图 6-26　textarea 的显示效果

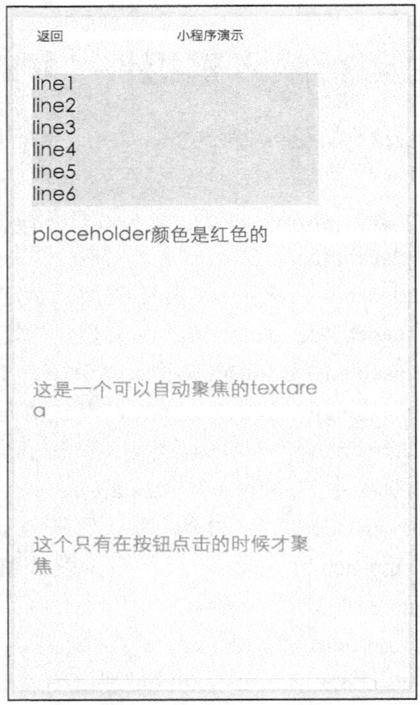

▲图 6-27　不断增加新行的 textarea 组件

6.10 form 组件

form 组件用于提交用户的输入内容（通过 switch、input、checkbox、slider 等组件输入），待提交的组件必须在 form 组件内部。这里的提交，实际上是当单击 formType 属性为 submit 的 button 组件时，将录入的信息提交给一个函数，通过该函数的参数可以获取用户提交的内容，每一部分内容需要用待提交组件的 name 属性值作为 key。form 组件还可以通过单击 formType 属性值为 reset 的 button 组件将录入的内容重置。

form 组件有如下几个属性。

- report-submit：Boolean 类型，是否返回 formId 用于发送模板消息。
- bindsubmit：EventHandle 类型，指定提交触发的函数名称，通过 event.detail.value 可获得提交的内容。
- bindreset：EventHandle 类型，指定重置触发的函数名，该函数的参数不能通过 event.detail.value 获取提交的内容（value 未定义），只能通过 event.detail 获取 form 组件本身。

下面的布局文件演示了 form 组件的使用方法。

```
<view style="margin:30px">
  <form catchsubmit="formSubmit" catchreset="formReset">
    <switch name="switch" checked="true" />
```

```
    <slider style="margin-top:20px" name="slider" show-value></slider>
    <input style="margin-top:20px" name="input" placeholder="please input here" />
    <radio-group style="margin-top:20px" name="radio-group">
      <label>
        <radio value="radio1" />radio1</label>
      <label>
        <radio value="radio2" />radio2</label>
    </radio-group>
    <view style="margin-top:20px">
      <checkbox-group name="checkbox">
        <label>
          <checkbox value="checkbox1" />checkbox1</label>
        <label>
          <checkbox value="checkbox2" />checkbox2</label>
      </checkbox-group>
    </view>
    <view style="margin-top:20px">
      <button formType="submit">Submit</button>
      <button formType="reset" style="margin-top:20px">Reset</button>
    </view>
  </form>
</view>
```

装载该布局文件后，将窗口的组件设置为一定的值，如图 6-28 所示。

▲图 6-28　form 的显示效果

要注意的是，如果要用 form 提交，checkbox 组件必须包含在 checkbox-group 组件中，而且 checkbox-group 必须指定 name 属性，否则无法通过 submit 事件的参数获得 checkbox 提交的值。

完整的 JavaScript 实现代码如下：

```
Page({
  formSubmit: function(e) {
    console.log('form 发生了 submit 事件，携带数据为：', e.detail.value)
  },
  formReset: function(e) {
    console.log('form 发生了 reset 事件，携带数据为：', e.detail)
  }
})
```

现在单击“Submit”按钮，然后单击“Reset”按钮，会看到 Console 中输出如图 6-29 所示的日志信息。其中，checkbox 组件返回了一个数组，本例只选中一个 checkbox 组件，所以数组长度为 1，数组元素值为 checkbox1（value 属性的值）。

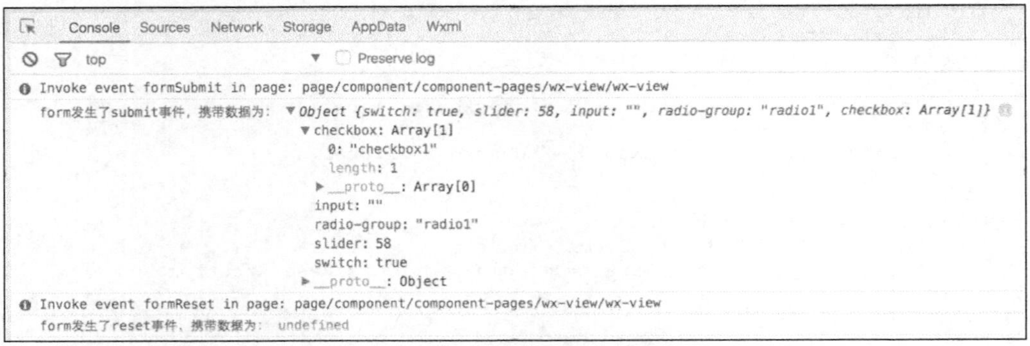

▲图 6-29　提交和重置后输出的日志信息

6.11 小结

在实际的项目中经常使用表单组件，例如，用户定外卖时，会录入外卖的商品、送货时间、是否开发票等信息。当然，也可以不使用表达组件这些信息，不过使用表单组件会更容易地将数据统一处理，更易于维护程序。

第 7 章　多媒体组件

小程序包含了如下 3 个与多媒体相关的组件，利用这 3 个组件，可以展示很多外部资源，如播放音乐、在线教学等应用都需要利用这 3 个组件实现。

本章要点

- image 组件
- audio 组件
- video 组件

7.1 image 组件

image 可以用来显示图像，这些图像既可以是本地图像，也可以是网络图像。例如，下面的布局代码显示了本地图像。

```
<view style="margin:20px">
  <view style="margin-bottom:20px">本地图像</view>
  <image src="../../resources/book.png" style="height:300px;width:240px" />
</view>
```

其中，src 属性指定了图像源，这里是本地图像文件路径。显示效果如图 7-1 所示。

▲图 7-1　显示本地图像

下面的布局代码显示从网络上下载的图像。

```
<view>
  <view style="margin-bottom:20px">从网络上获取图像</view>
  <image src="http://geekori.cn/img/weixin_code.png" style="height:300px;width:300px"
 bindload="bindload" />
</view>
```

显示效果如图 7-2 所示。

▲图 7-2　显示从网络上下载的图像

其中，bindload 属性指定当图像装载成功后调用的事件函数，从 e.detail 中可以获取图像的实际高度和宽度。bindload 函数的代码如下：

```
bindload:function(e)
{
   console.log(e.detail)
}
```

装载图像后，会在 Console 中显示如图 7-3 所示的信息。可以看到，height 和 width 都是 344，这是图像的实际物理像素。

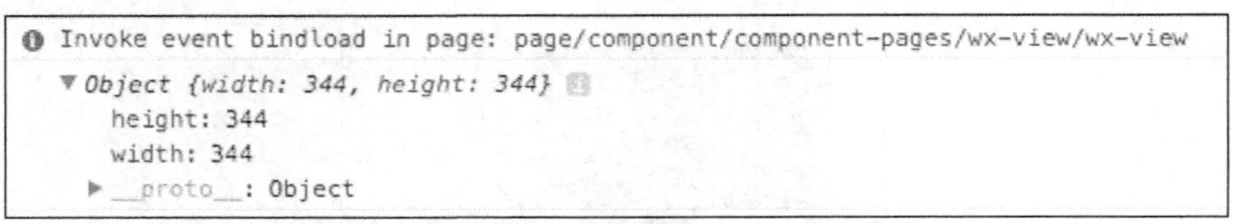

▲图 7-3　图像装载成功后显示的信息

<image>标签还有一个 mode 属性，该属性用于设置图像显示模式，分为缩放和裁剪两种模式。缩放模式有 3 种，裁剪模式有 9 种，一共 12 种模式。这些模式的描述如下：

（1）缩放模式

- ❑ scaleToFill：不保持纵横比缩放图片，使图片的宽高完全拉伸至填满 image 区域。

- aspectFit：保持纵横比缩放图片，使图片的长边能完全显示出来。也就是说，可以完整地将图片显示出来。
- aspectFill：保持纵横比缩放图片，只保证图片的短边能完全显示出来。也就是说，图片通常只在水平或垂直方向是完整的，另一个方向将会发生截取。

（2）裁剪模式

- top：不缩放图片，只显示图片的顶部区域。
- bottom：不缩放图片，只显示图片的底部区域。
- center：不缩放图片，只显示图片的中间区域。
- left：不缩放图片，只显示图片的左边区域。
- right ：不缩放图片，只显示图片的右边区域。
- top left：不缩放图片，只显示图片的左上边区域。
- top right：不缩放图片，只显示图片的右上边区域。
- bottom left：不缩放图片，只显示图片的左下边区域。
- bottom right：不缩放图片，只显示图片的右下边区域。

例如，将 mode 属性值设为 top，并且 width 和 height 都是 200px，布局代码如下：

```
<view>
  <view style="margin-bottom:20px">从网络上获取图像</view>
  <image mode="top"
            src="http://geekori.cn/img/weixin_code.png"
            style="height:200px;width:200px" bindload="bindload" />
</view>
```

由于图像的宽度和高度都是 344px，所以 200px 无法显示完整的图像。因此，会从顶部截取 200px 显示，效果如图 7-4 所示。

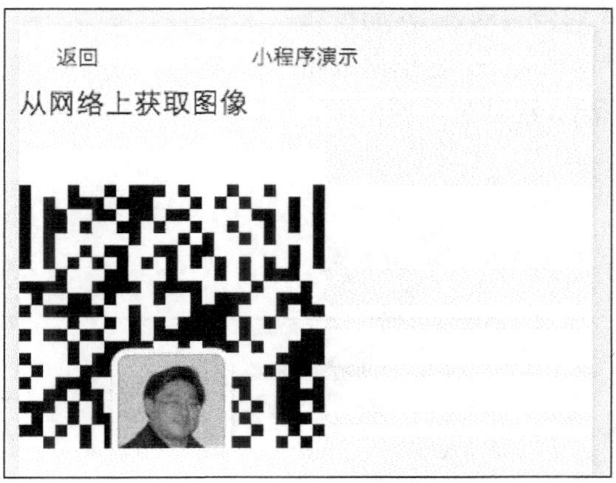

▲图 7-4　显示一部分图像

如果 src 属性指定的图像路径错误，那么图像不会正常显示。如果想得知图像是否能成功显示，可以设置 binderror 属性，该属性指定一个函数名，当图像显示错误是调用，布局代码如下：

```
<view>
  <view style="margin-bottom:20px"> error image</view>
  <image src="error url" binderror="imageError" />
</view>
```

imageError 函数的代码如下：

```
imageError: function(e) {
  console.log('image3 发生 error 事件，携带值为', e.detail.errMsg)
}
```

程序装载后，会在 Console 中输出如图 7-5 所示的信息。

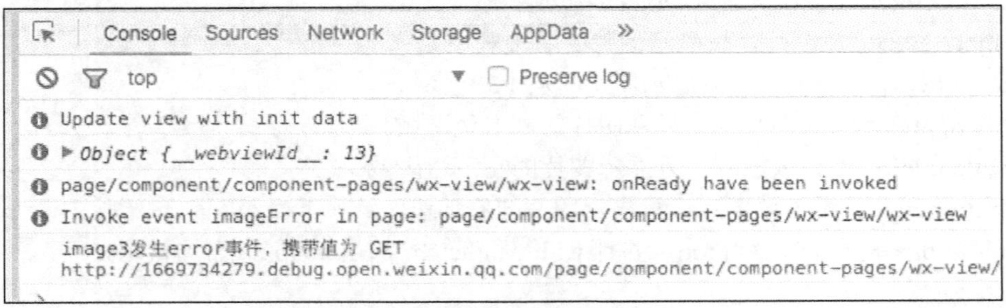

▲图 7-5　装载图像错误是输出的信息

7.2 audio 组件

audio 是用于播放在线音频的组件，该组件默认会带一个控制面板，用于控制音频的播放和暂停，以及显示音频作者、音频名称和当前播放时间信息。audio 组件必须设置的属性是 src，该属性用于指定音频文件的地址（通常为网址），如果要让 audio 组件显示控制面板，需要设置 controls 属性值为 true。该属性的默认值是 true，但必须指定该属性，如果不添加该属性，仍然不会显示控制面板。下面是一个使用 audio 组件简单的例子。

```
<audio src="http://5.1015600.com/2014/ring/000/118/28b0e17cfab0136677648b39cb8b7fbc.mp3"
controls/>
```

使用该布局后，会显示如图 7-6 所示的效果。

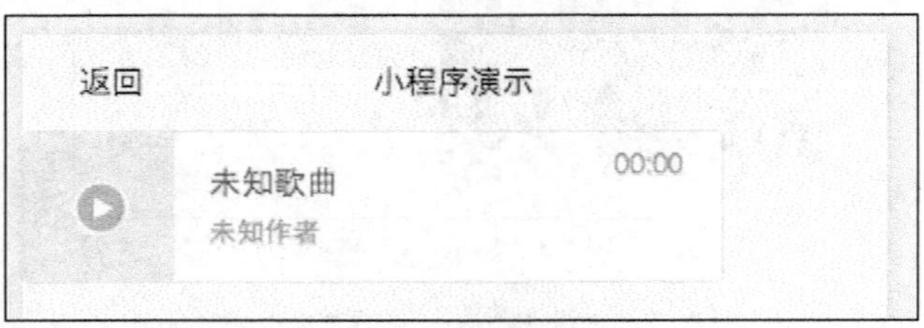

▲图 7-6　audio 组件的控制面板

单击播放按钮即可播放音乐，再次单击即可停止播放。

audio 组件还有如下 3 个比较常用的属性。

- author：音频作者的名字。
- name：音频名字。
- poster：音频对应封面图像的地址。

下面的布局文件设置了这 3 个属性。

```
<audio  poster="http://geekori.cn/img/weixin_code.png" author="李宁" name="笑傲江湖"
src="http://5.1015600.com/2014/ring/000/118/28b0e17cfab0136677648b39cb8b7fbc.mp3"  co
ntrols/>
```

显示的效果如图 7-7 所示。

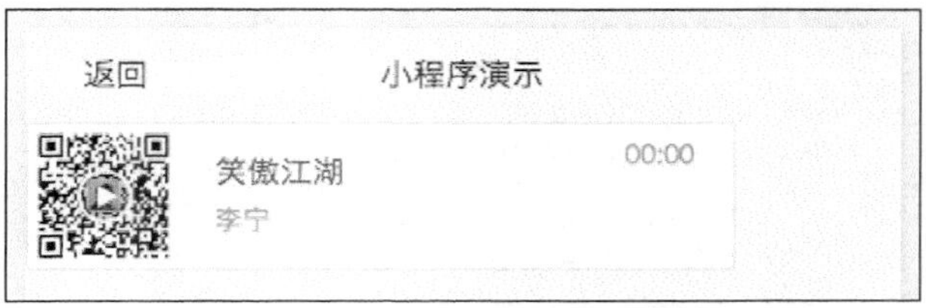

▲图 7-7　显示相关信息的 audio 组件

audio 组件还有一些事件可以设置，最常用的是 bindplay 和 bindpause 事件。其中，播放音频时触发 bindplay，暂停音频时触发 bindpause。下面的布局代码演示了这两个属性。

```
<audio bindpause="paused" bindplay="audioPlayed"
 poster="http://geekori.cn/img/weixin_code.png" author="李宁" name="笑傲江湖
" src="http://5.1015600.com/2014/ring/000/118/28b0e17cfab0136677648b39cb8b7fbc.mp3"
controls/>
```

paused 和 audioPlayed 方法的代码如下：

```
audioPlayed: function(e) {
   console.log('audio is played')
},
paused:function(e)
{
   console.log('audio is paused')
}
```

当播放和暂停音频时，会在 Console 中输出如图 7-8 所示的日志信息。

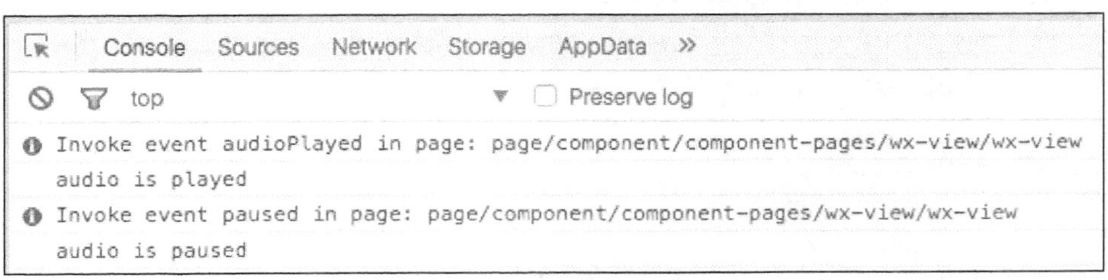

▲图 7-8　输出播放和暂停日志信息

注意：audio 组件理论上是可以播放本地音频文件的，但不能直接指定操作系统（Windows 或 Mac OS X）的本地路径。下一节介绍的 video 组件可以使用 wx.chooseVideo 方法选择视频文件，但该方法返回的路径是以 wxfile 开头的临时文件路径，而目前还没有提供 wx.chooseAudio 方法，所以暂时无法使用本地音频文件路径。

7.3 video 组件

video 组件用于播放网络或本地视频。video 组件中最常用的属性是 src，用于指定视频文件的路径。例如，下面的布局代码会播放一个网络视频文件。

```
<view style="margin:30px">
  <text >播放网络视频</text>
  <video  style="margin-top:10px"
  src="http://flv.bn.netease.com/videolib3/1605/22/auDfZ8781/HD/auDfZ8781-mobile.mp4"
 binderror="videoErrorCallback"></video>
</view>
```

一开始运行，视频并未自动播放，效果如图 7-9 所示。

▲图 7-9　video 组件的默认效果

单击播放按钮后，开始播放视频，效果如图 7-10 所示。

在前面的布局代码中，video 组件还指定了 binderror 属性，该属性指定了视频文件播放出错（如路径不对）时将调用的方法。该方法的代码如下：

```
videoErrorCallback: function (e) {
  console.log('视频错误信息:');
  console.log(e.detail.errMsg);
}
```

如果视频播放出错，会在 Console 中输出如图 7-11 所示的日志信息。

▲图 7-10　video 组件播放视频的效果

```
Invoke event videoErrorCallback in page: page/component/component-pages/wx-video/wx-video
视频错误信息:
MEDIA_ERR_SRC_NOT_SUPPORTED
```

▲图 7-11　视频错误信息

如果要让视频在装载后自动播放，需要使用 autoplay 属性，该属性值为 true，视频会自动播放，布局代码如下：

```
<video … … autoplay="true"></video>
```

下面来看如何让 video 组件播放本地视频。首先，在 video 组件下面放置一个 button，单击该 button，会弹出一个选择视频文件对话框，选择本地视频文件后，会自动在 video 组件中播放。布局代码如下：

```
<view style="margin:30px">
  <video src="{{src}}" autoplay="true"></video>
  <button bindtap="bindButtonTap">获取视频</button>
</view>
```

video 组件的 src 属性和 src 变量绑定，单击 button 后，会调用 bindButtonTap 方法，该方法的布局代码如下：

```
Page({
  data:{
    src:""
  },
  bindButtonTap:function(){
    var that = this;
      wx.chooseVideo({
      sourceType:['album','camera'],
      maxDuration:60,
      camera:['front','back'],
      success:function(res){
        that.setData({
```

```
            src:res.tempFilePath
          })
          console.log(res.tempFilePath);
        }
      })
    },
    … …
})
```

从上述代码中可看出，bindButtonTap 通过调用 wx.chooseVideo 方法弹出了选择视频文件的对话框，如图 7-12 所示。

▲图 7-12　选择视频对话框（Mac OS X）

当选择一个视频文件后，会自动播放该视频，效果如图 7-13 所示。

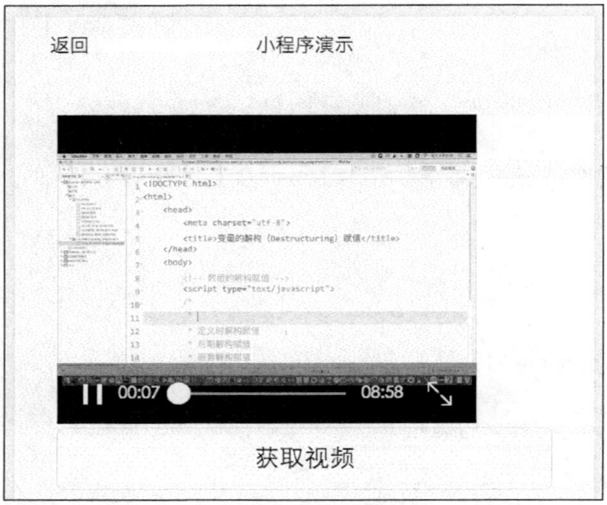

▲图 7-13　自动播放本地视频

从日志输出结果中可以看到，本地文件名如下：

wxfile://tmp_766585555o6zAJs2t5tIf5IgXSSAKZjRtz91g1482398885788.mp4

该文件名以 wxfile 开头，是小程序生成的一个临时文件，将视频文件路径直接赋给 src 属性也可以播放，布局代码如下：

```
<view style="margin:30px">
  <video src="wxfile://tmp_766585555o6zAJs2t5tIf5IgXSSAKZjRtz91g1482398885788.mp4"
     autoplay="true"></video>
  <button bindtap="bindButtonTap">获取视频</button>
</view>
```

7.4 小结

本章主要介绍了 image、audio 和 video 组件，这 3 个组件分别用来装载图像、音频和视频。小程序支持多种格式的图像，音频主要是 wav 和 mp3，视频主要是 mp4。由于这 3 个组件都依赖微信，所以并不用考虑当前的移动设备是否支持如 mp4 等视频格式，只要微信支持，这些标签就支持。

第 8 章　其他组件

本章主要介绍了小程序中的一些高级组件，通过这些组件，可以实现更复杂的系统。

本章要点

- 动作表单
- 对话框
- 画布
- 地图
- 页面导航
- TabBar 导航

8.1 交互组件

8.1.1 动作表单（ActionSheet）

iOS 程序员一定对 ActionSheet 非常熟悉，这是 Cocoa Touch 很常用的 UI 组件。使用 ActionSheet 会从当前窗口底部往上弹出一个窗口，可以在该窗口中放置任何组件，例如，如图 8-1 所示的一排按钮。

图 8-1 是小程序 ActionSheet 的效果，与 iOS ActionSheet 的效果类似。在小程序中使用 ActionSheet 要使用<action-sheet>标签，该标签中可以包含任意的组件，因此，可以在 ActionSheet 上放置任何小程序支持的 UI 元素。例如，下面的布局代码放置了 4 个普通按钮和一个“取消”按钮，效果就是图 8-1 所示的样式。

```
<view style="margin:30px">
  <button type="default" bindtap="actionSheetTap">弹出 action sheet</button>
  <action-sheet hidden="{{actionSheetHidden}}" bindchange="actionSheetChange">
    <block wx:for-items="{{actionSheetItems}}">
      <action-sheet-item bindtap="bindItem{{index+1}}">{{item}}</action-sheet-item>
    </block>
    <action-sheet-cancel>取消</action-sheet-cancel>
  </action-sheet>
</view>
```

在上述代码中，使用<block wx:for-items...>动态生成了 4 个<action-sheet-item>标签，这 4 个标

签分别通过 bindtap 属性指定了 4 个用于响应 item 单击事件的函数（bindItem1、bindItem2、bindItem3 和 bindItem4）。在循环的外面使用<action-sheet-cancel>标签添加了一个“取消”按钮，单击“取消”按钮，无需加任何 JavaScript 代码就会关闭 ActionSheet。

▲图 8-1　ActionSheet 的效果

通过<action-sheet>标签的 hidden 属性可以控制 ActionSheet 的显示和隐藏，该属性值为 true，表示隐藏 ActionSheet；为 false，表示显示 ActionSheet。通过 bindchange 属性指定一个事件函数，单击“取消”按钮或 ActionSheet 外部区域会调用该函数，通常在该函数中隐藏 ActionSheet。

下面是完整的 JavaScript 实现代码。

```
var items = ['item1', 'item2', 'item3', 'item4']
var pageObject = {
  data: {
    actionSheetHidden: true,
    actionSheetItems: items
  },
  //  用于显示和隐藏 ActionSheet
  actionSheetTap: function (e) {
    this.setData({
      actionSheetHidden: !this.data.actionSheetHidden
    })
  },
  //  单击“取消”按钮或 ActionSheet 的外部区域，会调用该函数
  actionSheetChange: function (e) {
    console.log('actionSheetChange')
```

```
      this.setData({
        actionSheetHidden: !this.data.actionSheetHidden
      })
    },
    bindItem1: function (e) {
      console.log("单击了 item1");
      this.setData({
        actionSheetHidden: !this.data.actionSheetHidden
      })
    },
    bindItem2: function (e) {
      console.log("单击了 item2");
      this.setData({
        actionSheetHidden: !this.data.actionSheetHidden
      })
    },
    bindItem3: function (e) {
      console.log("单击了 item3");
      this.setData({
        actionSheetHidden: !this.data.actionSheetHidden
      })
    },
    bindItem4: function (e) {
      console.log("单击了 item4");
      this.setData({
        actionSheetHidden: !this.data.actionSheetHidden
      })
    }
  }
Page(pageObject)
```

显示 ActionSheet 后，当单击“取消”按钮或 ActionSheet 外部区域，会在 Console 中输出如图 8-2 所示的日志信息，然后 ActionSheet 会隐藏（因为 actionSheetHidden 变量被设为 true）。

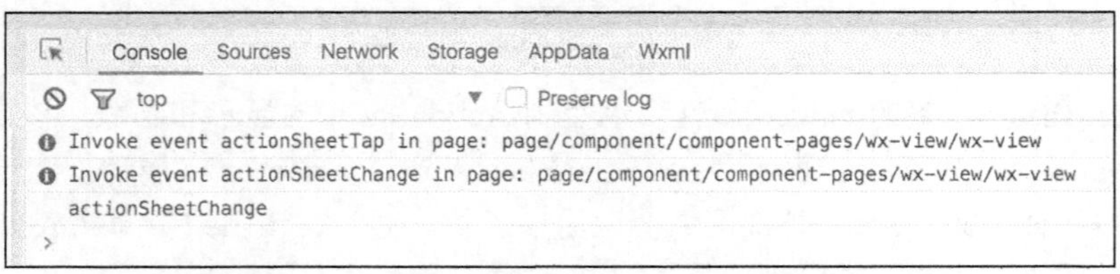

▲图 8-2　单击“取消”按钮输出的日志信息

在<action-sheet>标签中可以放置任何组件，例如，下面的布局代码除了前面的 5 个按钮外，还放置了一个<image>标签。

```
<view style="margin:30px">
     … …
<image src="http://geekori.cn/img/weixin_code.png"
       style="height:300px;width:300px"/>
  </action-sheet>
</view>
```

显示 ActionSheet 的效果如图 8-3 所示。

▲图 8-3 带图像的 ActionSheet

8.1.2 对话框

在小程序中，对话框需要使用<modal>标签。与 Android、iOS 不同的是，这些对话框需要实现摆放在布局文件中，默认是隐藏状态。例如，下面的布局代码放置了两个<modal>标签，并通过单击相应的按钮显示其中一个对话框。

```
<view>
  <modal title="标题" confirm-text="确定" cancel-text="取消"
hidden="{{modalHidden}}" bindconfirm="modalChange" bindcancel="modalChange">
    这是对话框的内容。
  </modal>
  <modal hidden="{{modalHidden2}}" no-cancel bindconfirm="modalChange2"
bindcancel="modalChange2">
    <view> 没有标题没有取消的对话框 </view>
    <view> 内容可以插入节点 </view>
  </modal>
  <view class="btn-area">
    <button type="default" bindtap="modalTap">点击弹出 modal</button>
    <button type="default" bindtap="modalTap2">点击弹出 modal2</button>
  </view>
</view>
```

<modal>标签通过 title 属性指定标题，通过 confire-text 属性指定“确定”按钮的文本，通过 cancel-text 属性指定“取消”按钮的文本，通过 hidden 属性控制对话框的隐藏和显示，通过 bindconfirm

属性指定单击“确定”按钮要指定的函数，通过 bindcancel 属性指定单击“取消”按钮要执行的函数。如果指定了 no-cancel 属性，不会显示“取消”按钮。

现在分别单击第 1 个按钮和第 2 个按钮，会显示如图 8-4 和图 8-5 所示的对话框。

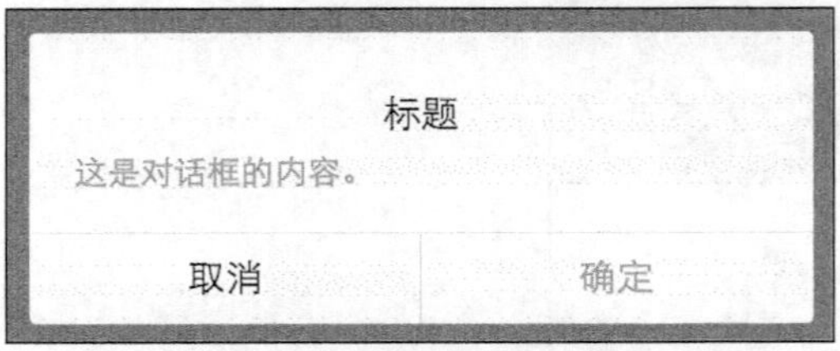

▲图 8-4　带“确定”和“取消”按钮的对话框

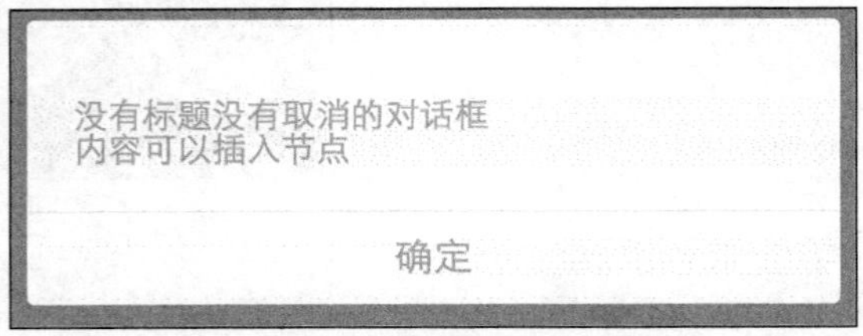

▲图 8-5　不带“取消”按钮的对话框

单击“确定”或“取消”按钮，会关闭对话框。实际上，这里指的“关闭”就是隐藏<modal>标签，实现的代码如下：

```
Page({
  data: {
    modalHidden: true,
    modalHidden2: true
  },
  modalTap: function(e) {
    this.setData({
      modalHidden: false
    })
  },
  modalChange: function(e) {
    this.setData({
      modalHidden: true
    })
  },
  modalTap2: function(e) {
    this.setData({
      modalHidden2: false
    })
  },
  modalChange2: function(e) {
    this.setData({
      modalHidden2: true
    })
  },
})
```

8.2 画布

小程序的画布允许绘制基础的图形，如直线、圆等。画布需要使用<canvas>标签，例如，下面的布局代码使用了<canvas>标签定义了一个 300*200 的画布。

```
<canvas style="width: 300px; height: 200px;" canvas-id="mycanvas"></canvas>
```

在<canvas>标签中使用了一个重要的属性 canvas-id，该属性用于指定画布的 ID，同一个页面不能存在两个或两个以上相同 ID 的画布。

我们可以通过下面的 JavaScript 代码在画布上绘制一个笑脸。

```
Page({

  onReady: function (e) {

    // 使用 wx.createContext 获取绘图上下文 context
    var context = wx.createContext()

    context.setStrokeStyle("#0000ff")
    context.setLineWidth(5)
    context.rect(0, 0, 200, 200)
    context.stroke()
    context.setStrokeStyle("#ff00ff")
    context.setLineWidth(2)
    context.moveTo(160, 100)
    context.arc(100, 100, 60, 0, 2 * Math.PI, true)
    context.moveTo(140, 100)
    context.arc(100, 100, 40, 0, Math.PI, false)
    context.moveTo(85, 80)
    context.arc(80, 80, 5, 0, 2 * Math.PI, true)
    context.moveTo(125, 80)
    context.arc(120, 80, 5, 0, 2 * Math.PI, true)
    context.stroke()

    // 调用 wx.drawCanvas，通过 canvasId 指定在哪张画布上绘制，通过 actions 指定绘制行为
    wx.drawCanvas({
      canvasId: 'mycanvas',
      actions: context.getActions() // 获取绘图动作数组
    })
  }
})
```

系统装载在时会调用 onReady 函数，在该函数中利用 context 绘制相应的图形，最后通过 wx.drawCanvas 方法指定要在哪个画布上绘制图像，绘制的效果如图 8-6 所示。

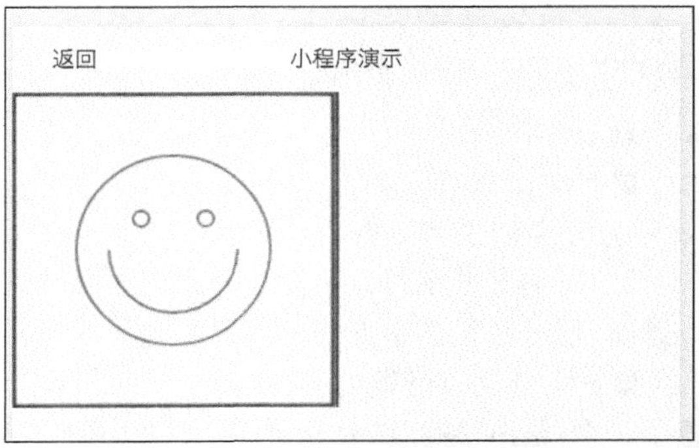

▲图 8-6　画布演示效果

其中，wx.drawCanvas 方法的第 2 个参数 actions 指定当前绘制行为使用到的设置绘制风格的一些函数，如果将 context.getActions 方法返回的信息输出到 Console，会看到如图 8-7 所示的日志信息。

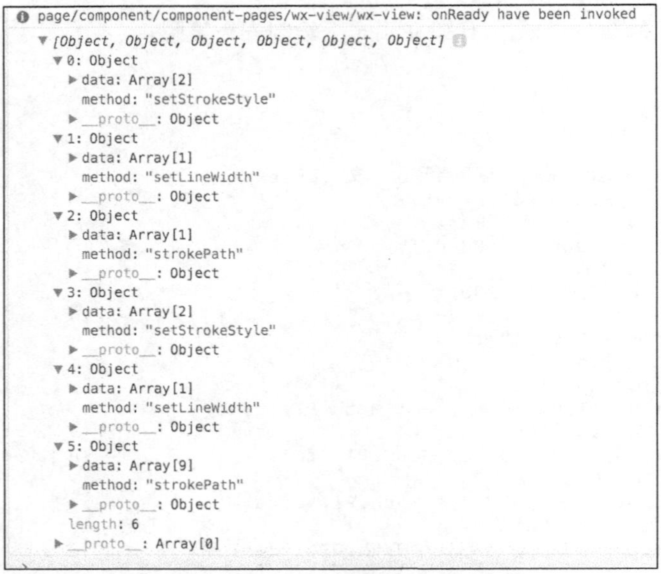

▲图 8-7　context.getActions 方法输出的日志信息

8.3 地图

在小程序中可以使用<map>标签嵌入地图，<map>嵌入的是腾讯地图，而且不能换成其他的地图（百度、高德等）。

我们先来了解<map>标签的常用属性。

- longitude：经度。
- latitude：纬度。
- scale：缩放级别，默认值时 16，取值范围是 5 到 18。
- controls：在地图上放置的控件数组。
- markers：在地图上放置的标记点数组。
- show-location：显示带有方向的当前定位点。
- bindcontroltap：单击控件时触发的事件。
- bindmarkertap：单击标记点时触发的事件。
- bindregionchange：视野发生变化时触发的事件。

下面的布局文件中放置了一个<map>标签，并设置了上述的属性。

```
<map longitude="113.324520" latitude="23.099994"
scale="14" controls="{{controls}}"
bindcontroltap="controltap" markers="{{markers}}"
bindmarkertap="markertap" polyline="{{polyline}}"
bindregionchange="regionchange" show-location
style="width: 100%; height: 100%;"/>
```

显示的效果如图 8-8 所示。

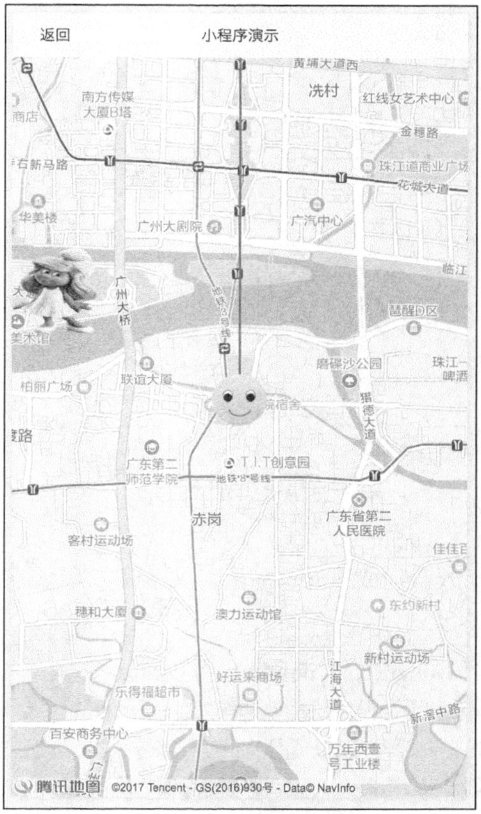

▲图 8-8　显示腾讯地图

在地图上，显示了一个标记（笑脸图像）和一个控件图像（蓝精灵图像）。那么标记和控件到底有什么区别呢？不都可以放置图像吗？实际上，标记和控件是基本相同的，主要区别只有一点，标记会随着地图移动，而控件不会随着地图移动。

在<map>标签中，大多数属性都使用了变量，这些变量和相应方法的代码如下：

```
Page({
  data: {
    markers: [{
      iconPath: "/image/face.png",    //  标记图像
      id: 0,
      latitude: 23.099994,
      longitude: 113.324520,
      width: 50,
      height: 50
    }],
    polyline: [{                      //  在地图上通过经纬度绘制折线
      points: [{
        longitude: 113.3245211,
```

```
          latitude: 23.10229
        }, {
          longitude: 113.324520,
          latitude: 23.21229
        }],
        color:"#FF00FF",
        width: 5,
        dottedLine: false
      }],
      controls: [{
        id: 1,
        iconPath: '/image/sprite.png',    //  控件图像
        position: {
          left: 0,
          top: 260 - 80,
          width: 80,
          height: 80
        },
        clickable: true                   //  设为控件可单击的状态
      }]
    },
    regionchange(e) {
      console.log(e.type)
    },
    markertap(e) {
      console.log(e.markerId)
    },
    controltap(e) {
      console.log(e.controlId)
    }
  })
```

在这段代码中有 3 个数组：markers、polyline 和 controls。这 3 个数组都通过对象定义了多个属性。其中，markers 和 controls 数组中属性类似，前者每个数组元素表示一个标记，后者一个数组元素表示一个控件。ployline 中每个数组元素表示一条折线（通过经纬度确定折线中的每个点），这些折线（本例只是一条直线）从笑脸标记头顶中心部位向上延伸。

控件和标记都可以单击，单击后，Console 中输出的日志信息如图 8-9 所示。在日志信息中分别输出了在 markers 和 controls 数组中定义的 id 属性值。

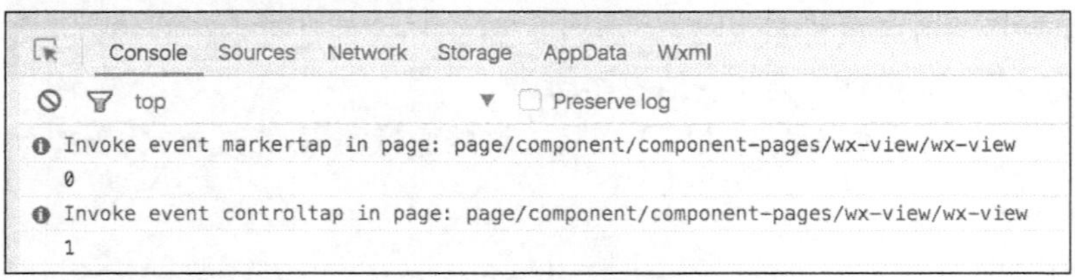

▲图 8-9　点击标记和控件输出的日志信息

8.4 导航

8.4.1　页面导航

尽管在前面的章节中介绍了很多 API 和组件，但所有的代码都放在了一个页面中（布局放在了

wxml 文件中，JS 代码写在了 js 文件中）。然而，对于一个有实际应用价值的小程序，不可能只有一个页面，如果小程序中包含了多个页面，就需要从一个页面切换到另一个页面，这称为页面导航。

要实现页面导航，需要使用<navigator>标签，该标签允许在当前页面显示另一个页面，也允许显示一个新页面。例如，下面的布局代码中使用了两个<navigator>标签。

```
<view style="margin:30px">
  <navigator url="page1?title=跳转到新页面" >
    <button >跳转到新页面</button>
  </navigator>
  <navigator style="margin-top:20px" url="page2?title=在当前页面打开
&color=red" redirect >
    <button >在当前页打开</button>
  </navigator>å
</view>
```

<navigator>标签有一个非常重要的属性 url，该属性用于指定要跳转的页面和要传递的值。这个 url 的格式类似于 web 地址。页面和参数之间用问号（?）分隔，如果传递多个参数，参数之间用&分隔。其中，page1 和 page2 是与当前页面同一个目录下的页面。第 2 个<navigator>标签不仅通过 url 传递了 title 参数，还传递了一个 color 参数用于设置 page2 中文本的颜色。在这个<navigator>标签中还指定了 redirect 属性，表示在当前页面中打开新页面，默认是在另一个页面中打开新页面。

现在选择当前页面的目录，然后单击鼠标右键，会弹出如图 8-10 所示的菜单。

▲图 8-10　新建页面

现在新建 4 个文件：page1.wxml、page1.js、page2.wxml 和 page2.js。这 4 个文件中的代码如下。

page1.wxml：

```
<view style="margin:30px">
    <text>{{title}}</text>
 </view>
```

page1.js：

```
Page({
  onLoad: function(options) {
    console.log(options)
    this.setData({
      title: options.title
    })
  }
})
```

page2.wxml：

```
<view style="margin:30px">
    <text style="color:{{color}}">{{title}}</text>
</view>
```

page2.js：

```
Page({
  onLoad: function(options) {
    console.log(options)
    this.setData({
      title: options.title,
      color:options.color
    })
  }
})
```

从 page1.js 和 page2.js 文件中的代码可以看出，通过 onLoad 事件的 options 参数返回传入的参数（title 和 color），并将这两个参数值赋给 title 和 color 变量。

注意：新添加的页面要在 app.json 文件的 pages 中注册，否则无法使用新建立的页面。注册代码如下：

```
"page/component/component-pages/wx-view/page1",
"page/component/component-pages/wx-view/page2",
```

现在单击第 1 个按钮，会跳转到如图 8-11 所示的页面，单击左上角的“返回”按钮，会返回到当前页面。

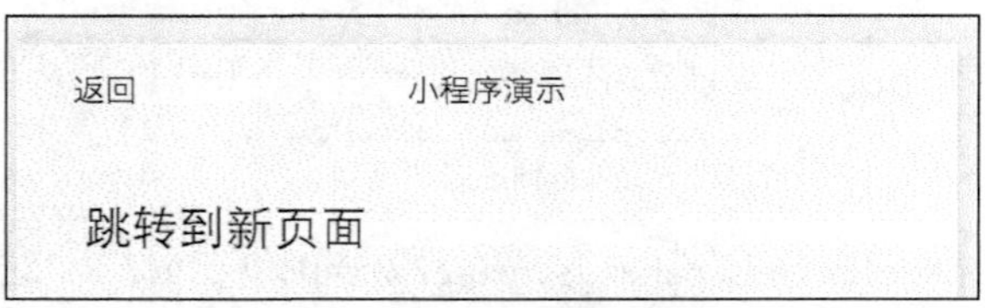

▲图 8-11　在另一个页面显示新页面

单击第 2 个按钮，会跳转到如图 8-12 所示的页面，单击左上角的“返回”按钮，会返回到当前页面的上一个页面。

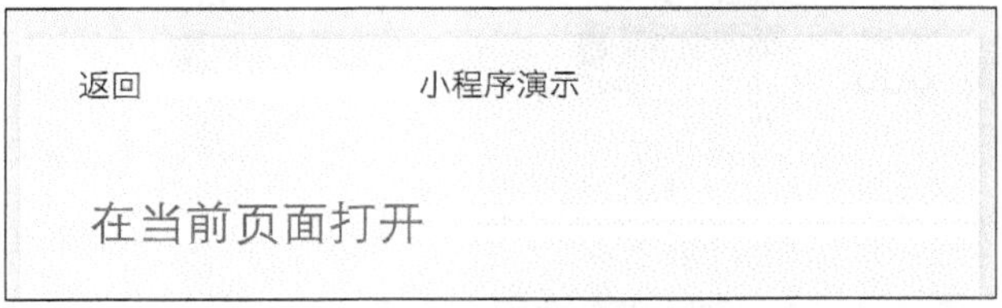

▲图 8-12 在当前页面显示新页面

8.4.2 TabBar 导航

在很多 App 中，首页的下方通常会出现 3～5 个“TabBar”按钮，如图 8-13 所示。通过这些按钮，可以切换到不同的页面，其实这也属于一种导航方式。

▲图 8-13 App 中 TabBar 的效果

小程序可以用非常简单的方式来实现这个效果，这一切不需要编写一行 JavaScript 代码。现在准备 3 个页面，如果是新建的小程序工程，默认会建立两个页面：index 和 logs。我们可以再建立一个 page 页面（新加的页面不要忘了在 app.json 文件中配置），包含 3 个页面的工程结构如图 8-14 所示。

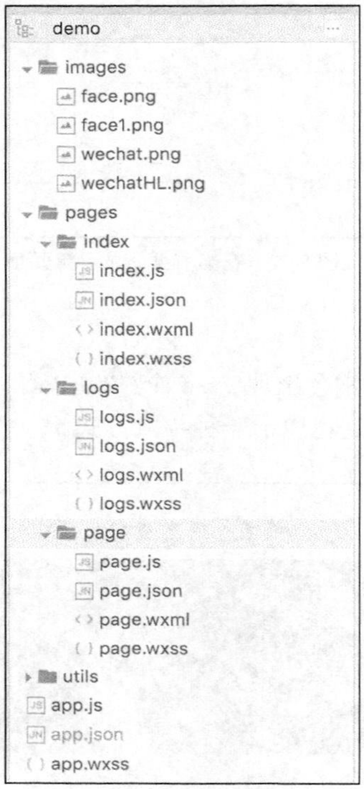

▲图 8-14　工程目录结构

添加“TabBar”按钮，只需在 app.json 文件中添加 tabBar 属性即可，代码如下：

```
{
   ……
   "tabBar": {
    "color": "#dddddd",                              //   未选中状态按钮文字的颜色
    "selectedColor": "#3cc51f",                      //   选中状态按钮文字的颜色
    "backgroundColor": "#ffffff",                    //   背景色
    "list": [{                                       //   该数组元素表示 TabBar 按钮
      "pagePath": "pages/index/index",               //   当前按钮指向的页面
      "iconPath": "../../images/face1.png",          //   未被选中时的按钮图像文件路径
      "selectedIconPath": "../../images/face.png",   //   被选中时的按钮图像文件路径
      "text": "页面 1"
    }, {
      "pagePath": "pages/logs/logs",                 //   当前按钮指向的页面
      "iconPath": "../../images/wechat.png",
      "selectedIconPath": "../../images/wechatHL.png",
      "text": "页面 2"
    }
    , {
      "pagePath": "pages/page/page",                 //   当前按钮指向的页面
      "iconPath": "../../images/wechat.png",
      "selectedIconPath": "../../images/wechatHL.png",
      "text": "页面 3"
    }
    ]
  }
}
```

运行程序后，会显示如图 8-15 所示的效果。单击“TabBar”按钮可切换不同的页面。

如果将 TabBar 的 position 属性值设为 top，会把按钮放到页面上方，但图像就不会显示了，效果如图 8-16 所示。

▲图 8-15　带 TabBar 的小程序

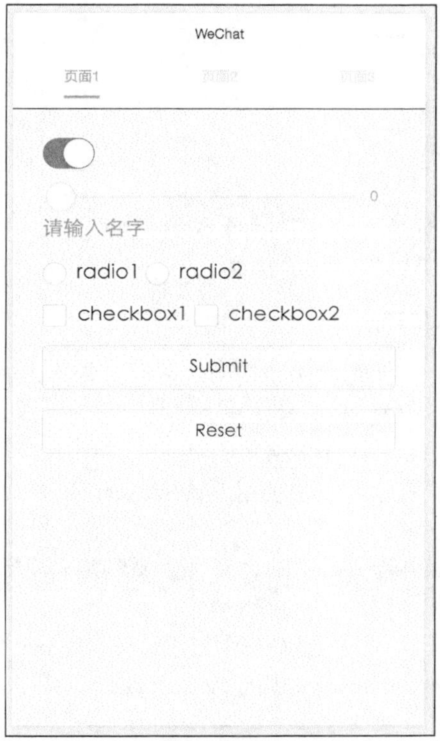

▲图 8-16　在页面顶端显示 TabBar 的效果

8.5 小结

小程序中提供了相当丰富的组件资源，尤其是本章介绍的地图、导航的组件。其中，地图组件使用的是腾讯地图，可以实现基本的定位、插入标记和控件，相应点击事件的功能，对于实现一般的地图应用已经足够了。至于导航组件，对于一个稍微复杂一下的小程序，只要包含两个及以上页面，就必须要使用导航。同时小程序还支持 TabBar 功能，这个功能只需要配置一下即可，也可以使用不同页面之间的导航。而且 TabBar 风格一开始来源于 iOS App，目前已经成为了 App 的标配，所以建议拥有多个同等级页面的小程序，应尽量使用 TabBar 实现页面导航。

第 9 章　网络

小程序支持 4 种网络 API：request、文件上传、文件下载和 WebSocket。本章将详细介绍这 4 中网络 API 的使用方法。

本章要点

- ❑ 在小程序中使用网络需要具备什么必要条件
- ❑ 发起 HTTPS 请求
- ❑ 上传和下载数据
- ❑ 在小程序中使用 WebSocket

9.1 准备工作（阿里云还是腾讯云）

由于小程序要求必须使用 https（Hyper Text Transfer Protocol over Secure Socket Layer）和 wss（WebSocket Secure，用于 WebSocket），所以在使用网络 API 之前，请确保要访问的服务端 url 使用的是 https 或 wss。

如果读者暂时没有使用 https 的服务端，最简单稳妥的方式就是购买一个支持 https 和 wss 的空间，可以购买云服务器或现成的 Web 空间（别想免费的了，国内支持 https 和 wss 的免费空间几乎没有）。购买云服务器的好处就是灵活，相当于购买一台独立的服务器，可以自由配置。当然，缺点也很明显，就是需要使用者有一定的运维能力，因为所有的东西都要自己弄。购买 Web 空间的优点和缺点与云服务器正好相反。优点是维护很容易，因为所有的服务端必要的系统（Web 服务器、数据库等）都已经配置完了，缺点这是只能上传和 Web 相关的资源，不能灵活配置，如要运行一个自己的命令行程序是做不到的。

如果读者有一定的技术功底，建议购买云服务器。国内做得比较好的是阿里云和腾讯云，因为这两家背后有淘宝、天猫和 QQ、微信等强大的基础构架和顶级运维团队支持。

如果读者购买了阿里云服务器，需要自己配置 nginx 或 apache 服务器，而且默认是不支持 https 的（wss 需要特殊配置，更复杂，这里暂不讨论），因此，需要购买证书或使用免费的证书。

这里假设读者已经注册了阿里云账户，并登录进了阿里云管理控制台，然后会看到左上角有一个“产品与服务”，单击它，会弹出如图 9-1 所示的产品与服务列表。选择 Z 栏中第一个“证书服务”。

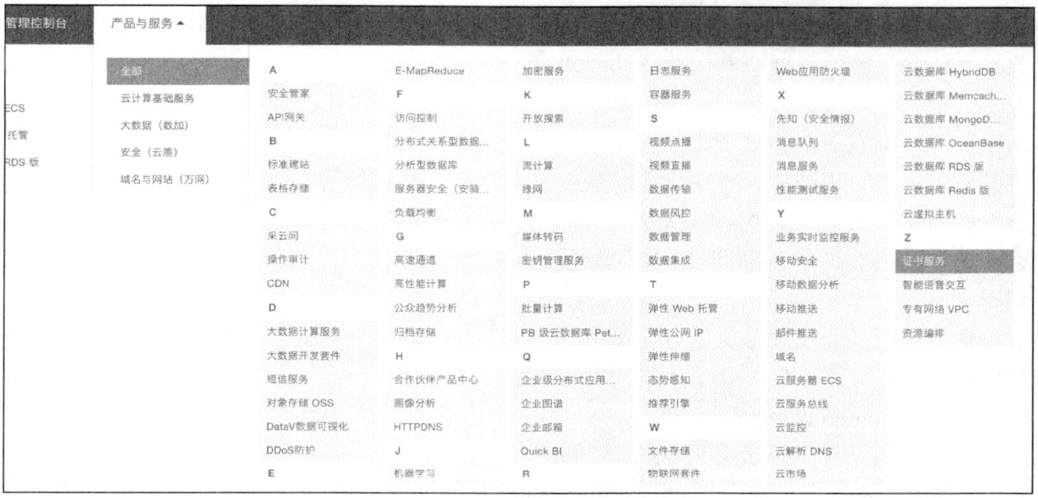

▲图 9-1　阿里云产品与服务列表

进入“证书服务”页面后，如果还没有获得证书，需要单击右上角的“购买证书”按钮，进入如图 9-2 所示的证书购买页面。

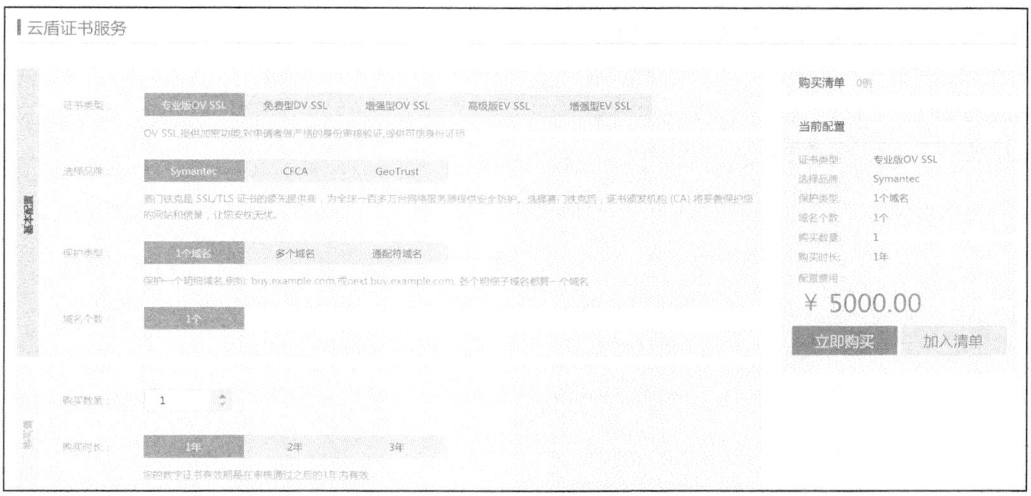

▲图 9-2　云盾证书服务页面

目前阿里云支持从 3 个证书服务商处购买证书，如果读者没有资金限制，建议购买 Symantec 的证书，当然，CFCA 和 GeoTrust 也可以。如果证书只是用于小程序的访问，可以使用 Symantec 的免费 DV 证书，目前只有 Symantec 提供免费的 DV 证书。

SSL 证书分为 3 个类型：DV、OV 和 EV。其中，DV 通常用于个人或小企业的网站。证书服务商只验证域名的真伪，也就是说，只要这个域名有效，就可以申请 DV，几乎是立即就可以获得 DV SSL 证书（因为是自动审核的）。不过如果是用于网站的访问，并不建议使用 DV SSL。因为

DV SSL 除了对数据加密外，和 http 几乎没有区别，有一些系统和浏览器也把 DV SSL 标记为不安全，因为 DV SSL 并不能表明网站的合法性。

对于一般的企业来说，建议申请 OV SSL。申请 OV，需要营业执照以及其他相关资质证明，通常需要一个星期左右的审核周期（人工审核）。至于 EV SSL，通常用于银行、电子商务等有大笔现金流的金融机构，申请 EV SSL 很难，审核非常严格，而且价格不菲。

不管是申请的 DV，还是 OV 或 EV，都会得到相应的证书文件，然后在 nginx 或 apache 的配置文件中指定证书文件的路径即可。如何配置 nginx 和 apache 并不属于本书的内容，读者请参考相关文档。

如果读者购买的是腾讯云，就方便得多。腾讯云专门为小程序提供了服务端解决方案，目前正在优惠中，3 元可购买 2 个月进行体验。页面地址如下：

https://www.qcloud.com/solution/la

腾讯云会为每一个用于小程序的服务器自动生成一个二级域名，该域名自动绑定免费的 DV SSL（支持 https://形式）。二级域名格式为 xxxxxxxx.qcloud.la，其中，xxxxxxxx 为 8 为数字，例如 14592619.qcloud.la 就是一个典型的腾讯云二级域名。如果腾讯云只用于小程序的服务端，那就不需要购买顶级域名，直接使用腾讯云提供的二级域名即可。

准备完支持 https 的服务器后，还需要在小程序管理页面进行配置。进入小程序管理页面后，单击“设置”>“开发设置”，在“服务器域名”区域单击“修改”链接（慎重修改，每月只能修改 3 次），会弹出如图 9-3 所示的页面，需要在这 4 个文本输入框中输入合法域名。要注意的是，合法域名必须满足如下两个条件：

- 支持 https 访问。
- 在国内成功备案。

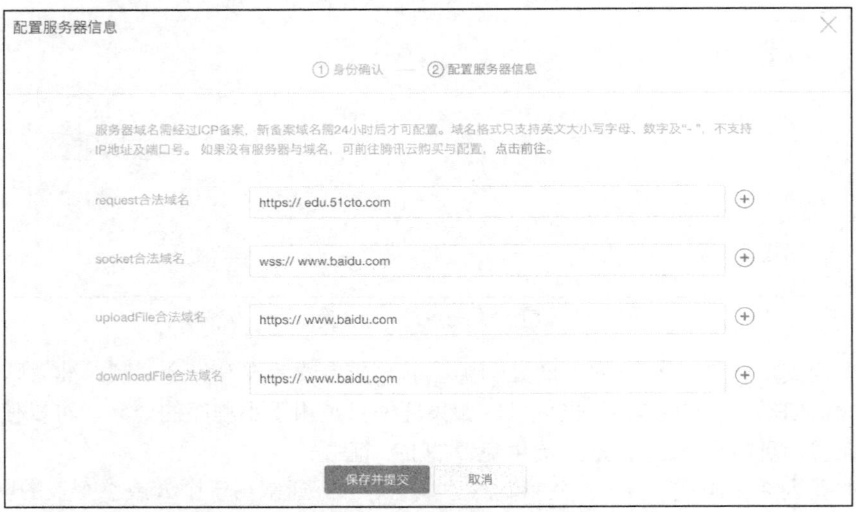

▲图 9-3　设置小程序要访问的合法域名

这也就意味着，所有在国外购买的域名都不可作为小程序服务端进行访问（因为无法备案）。

所以，如果不想在国内购买域名，也不想备案的读者，使用类似腾讯云支持 https 的二级域名将是唯一的选择。

这一切都完成后，就可以正常访问服务端的相关 url 了。

9.2 发起 HTTPS 请求

在 wx 对象中有一个 request 方法，可以发起 HTTPS 请求。该方法只有一个对象类型参数。该对象支持如表 9-1 所示。

表 9-1 wx.request 方法参数描述

参　数	类　型	必　填	描　述
url	String	是	开发者服务器接口地址，必须使用配置后的域名
data	Object、String	否	请求的参数
header	Object	否	设置请求的 header , header 中不能设置 Referer
method	String	否	请求的方法，默认为 GET，有效值：OPTIONS, GET, HEAD, POST, PUT, DELETE, TRACE, CONNECT
dataType	String	否	响应数据的类型，默认为 json。如果设置了 dataType 为 json，则会尝试对响应的数据做一次 JSON.parse
success	Function	否	收到开发者服务成功返回的回调函数，res = {data: '开发者服务器返回的内容'}
fail	Function	否	接口调用失败的回调函数
complete	Function	否	接口调用结束的回调函数（调用成功、失败都会执行）

注意，data 属性可以是 Object，也可以是 String 类型，但最终发送给服务器的数据是 String 类型。如果传入的 data 不是 String 类型，会被转换成 String，转换规则如下：

- 对于 header['content-type'] 为 'application/json' 的数据，会对数据进行 JSON 序列化。
- 对于 header['content-type'] 为 'application/x-www-form-urlencoded' 的数据，会将数据转换成 query string（encodeURIComponent(k)=encodeURIComponent(v)&encodeURIComponent(k)=encodeURIComponent(v)...）。

要想测试 wx.request 方法，首先需要有一个使用 https 的链接，并且该链接的域名需要与小程序服务器配置中设置的一样。读者可以利用上一节介绍的腾讯云的二级域名，也可以在网上找一个 https 链接。但要注意，需要修改小程序服务器配置的“request 合法域名”。这些 https 链接必须是在国内注册的，而且已经成功备案。

为了方便，这里使用了如下链接来测试 wx.request 方法。读者也可以使用其他的链接，但要求响应数据为 json 格式，因为后面的代码要测试 json 数据解析。

https://edu.51cto.com/index.php?do=spree&m=getGifts

因此，要将“request 合法域名”设置为 https://edu.51cto.com，否则 wx.request 方法无法请求该链接。

下面的代码使用 wx.request 方法请求该链接，并将 dataType 属性值设为 text/plain，这样就会直接返回原始字符串。

```
wx.request({
  url: 'https://edu.51cto.com/index.php?do=spree&m=getGifts',
  dataType:'text/plain',
  success: function(res) {
    //  在控制台中直接输出返回的数据
    console.log(res.data)
  }
})
```

执行完这段代码后，会在 Console 中输入如图 9-4 所示的信息，很明显，返回的是原始的 JSON 数据。

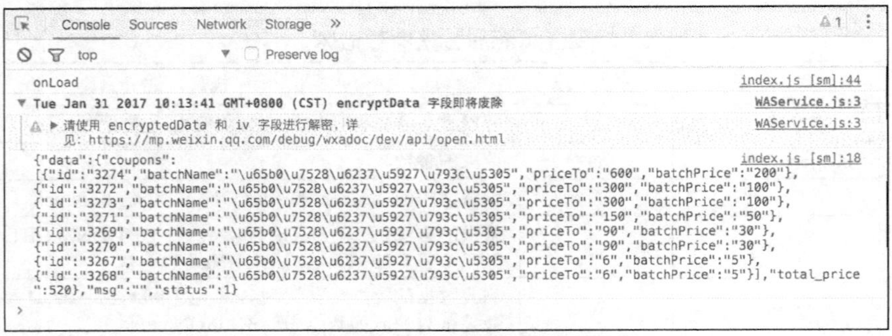

▲图 9-4　响应数据是纯文本形式

现在将前面代码中的 dataType 属性去掉，这样 wx.request 方法会认为返回了 JSON 格式的数据，并会对 JSON 格式的数据进行解析。也就是说，这时 res.data 就不再是字符串了，而是一个 JSON 对象。返回的结果如图 9-5 所示。

▲图 9-5　以 JSON 格式返回数据

按着返回的 JSON 格式的数据，已经将其解析成相应的对象和数组格式。例如，如果要获取

data 对象中 coupons 数组第一个元素的 batchName 属性的值，可以使用下面的代码。

```
success: function(res) {
  console.log(res.data.data.coupons[0].batchName);
}
```

9.3 上传文件

使用 wx.uploadFile 方法可以向指定的 Url 上传文件。该方法只有一个 Object 类型的参数，Object 类型参数属性的描述表 9-2 所示。

表 9-2　　　　wx.uploadFile 方法参数描述

参　数	类　型	必　填	描　述
url	String	是	开发者服务器的 Url
filePath	String	是	要上传文件资源的本地路径
name	String	是	文件对应的 key，开发者在服务器端通过这个 key 可以获取到文件二进制内容
header	Object	否	HTTPS 请求 Header，不能设置 Referer
formData	Object	否	HTTPS 请求中其他额外的 form data
success	Function	否	接口调用成功的回调函数
fail	Function	否	接口调用失败的回调函数
complete	Function	否	接口调用结束的回调函数（调用成功、失败都会执行）

测试 wx.uploadFile 方法也需要找一个 https 链接，如果没有，可以使用 https://www.baidu.com。尽管该链接不会真正接收上传的文件，但会让 wx.uploadFile 方法正常执行，以便测试其中的回调函数。

下面的代码通过 wx.chooseImage 方法弹出一个图像选择对话框，选择图像文件后，会调用 wx.uploadFile 方法将该文件上传到服务端。如果上传成功，success 函数会调用，并输出响应数据。

```
wx.chooseImage({
  success: function(res) {
    var tempFilePaths = res.tempFilePaths
    wx.uploadFile({
      url: 'https://www.baidu.com',
      filePath: tempFilePaths[0],
      name: 'file',
      formData:{
        'user': 'Bill'
      },
      success: function(res){
        var data = res.data
       console.log(data);
      }
    })
  }
})
```

9.4 下载文件

使用 wx.downloadFile 方法可以下载文件到临时路径，该方法有一个 Object 类型的参数，Object 类型参数属性的描述如表 9-3 所示。

表 9-3 wx.downloadFile 方法参数描述

参数	类型	必填	描述
url	String	是	下载资源的 Url
header	Object	否	HTTPS 请求 Header
success	Function	否	下载成功后以 tempFilePath 的形式传给页面，res = {tempFilePath: '文件的临时路径'}
fail	Function	否	接口调用失败的回调函数
complete	Function	否	接口调用结束的回调函数（调用成功、失败都会执行）

同样，使用 wx.downloadFile 方法，也必须下载 HTTPS Url 指定的资源。例如，下面的代码会下载百度首页。

```
wx.downloadFile({
  url: 'https://www.baidu.com',
  success: function(res) {
      //  输出下载资源存储的临时文件名
      console.log( res.tempFilePath);
  }
})
```

下载的资源会被保存成临时文件，我们可以通过 res.tempFilePath 获取临时文件名，并做进一步处理。例如，如果下载的是视频文件，可以使用 wx.playVoice 方法进行播放。

执行完这段代码后，会看到在 Console 中输出如图 9-6 所示的临时文件名。

▲图 9-6 下载资源的临时文件

9.5 WebSocket

WebSocket 是一种在单个 TCP 连接上进行全双工通讯的协议。在 WebSocket API 中，浏览器和服务器只需要完成一次握手，两者之间就可以直接建立持久性的连接，并进行双向数据传输。

HTML5 支持 WebSocket，使用方法和小程序的 WebSocket 基本是一样的。WebSocket API 由若干个方法和若干个事件组成。这些方法和事件如下。

（1）方法

- wx.connectSocket：与服务端建立连接。
- wx.sendSocketMessage：向服务端发送数据。
- wx.closeSocket：关闭连接。

（2）事件

- wx.onSocketOpen：成功与服务端建立连接后触发的事件。
- wx.onSocketError：与服务端建立连接失败后触发的事件。
- wx.onSocketMessage：服务端返回响应消息后触发的事件。
- wx.onSocketClose：成功关闭 WebSocke 连接后触发的事件。

其中，wx.connectSocket 和 wx.sendSocketMessage 方法都有一个 Object 类型的参数，参数属性含义如表 9-4 和表 9-5 所示。

表 9-4 wx.connectSocket 方法参数描述

参　数	类　型	必　填	描　述
url	String	是	开发者服务器接口地址，必须是 wss 协议，且域名必须是后台配置的合法域名
data	Object	否	请求的数据
header	Object	否	HTTPS Header , header 中不能设置 Referer
method	String	否	默认是 GET，有效值为： OPTIONS, GET, HEAD, POST, PUT, DELETE, TRACE, CONNECT
success	Function	否	接口调用成功的回调函数
fail	Function	否	接口调用失败的回调函数
complete	Function	否	接口调用结束的回调函数（调用成功、失败都会执行）

表 9-5 wx. sendSocketMessage 方法参数描述

参　数	类　型	必　填	描　述
data	String/ArrayBuffer	是	需要发送的内容
success	Function	否	接口调用成功的回调函数
fail	Function	否	接口调用失败的回调函数
complete	Function	否	接口调用结束的回调函数（调用成功、失败都会执行）

下面的代码是从建立 WebSocket 连接，到向服务端发送数据，然后接收到响应数据，最后关闭 WebSocket 连接的完整演示。

```
var socketOpen = false
var socketMsgQueue = []
wx.connectSocket({
  url: 'wss://example.com/test.php',   //  该 Url 并不存在，只是为了演示假设了一个 url
  data:{
    x: '',
    y: ''
  },
  header:{
    'content-type': 'application/json'
```

```
  },
  method:"GET"
})
//  成功建立 WebSocket 连接后，会调用该函数
wx.onSocketOpen(function(res) {
  socketOpen = true
  for (var i = 0; i < socketMsgQueue.length; i++){
     sendSocketMessage(socketMsgQueue[i])
  }
  socketMsgQueue = []
})
//  向服务端发送数据，如果成功建立了连接，则直接发送，否则保存到消息队列（socketMsgQueue）中
function sendSocketMessage(msg) {
  if (socketOpen) {
    wx.sendSocketMessage({
      data:msg
    })
  } else {
     socketMsgQueue.push(msg)
  }
}
//  接收服务端的响应消息，然后关闭 WebSocket 连接
wx.onSocketMessage(function(res) {
  console.log('收到服务器内容：' + res.data)
  wx.closeSocket()
})
//  成功关闭 WebSocket 连接后，会调用该函数
wx.onSocketClose(function(res) {
  console.log('WebSocket 已关闭！')
})
```

如果读者没有用于测试 WebSocket 的 Url，可以使用 HTML5 来测试 WebSocket，效果是一样的。例如，下面是一段用来测试 WebSocket 的完整的代码，使用的是 ws://echo.websocket.org，一个专门用来测试 WebSocket 的 echo 服务。在小程序中，必须使用 wss，而在 HTML5 中并没这个要求，使用 wss 和 ws 都可以，而且也不需要备案域名。

```
<html>
    <head>
        <title>测试 WebSocket</title>
        <script>
            function init() {
            websocket = new WebSocket("ws://echo.websocket.org/");

            websocket.onopen = function() { document.getElementById("output").innerHT
ML += "<p>> CONNECTED</p>"; };

            websocket.onmessage = function(evt)
            { document.getElementById("output").innerHTML += "<p style='color: blue;'
>> RESPONSE: " + evt.data + "</p>"; };

            websocket.onerror = function(evt)
             { document.getElementById("output").innerHTML += "<p style='color: red;'
>> ERROR: " + evt.data + "</p>"; };
            }

            function sendMessage(message) {
            document.getElementById("output").innerHTML += "<p>> SENT: " + message +
"</p>";
```

```
                websocket.send(message);
            }

            window.addEventListener("load", init, false);
        </script>
    </head>
    <body>
        <input onkeypress="if(this.value) {if (window.event.keyCode == 13) { sendMess
age(this.value); this.value = null; }}"/>
        <div id="output"></div>
    </body>
</html>
```

我们可以看到，HTML5 的 WebSocket 和小程序的 WebSocket 的 API 在使用上基本是一样的。例如，小程序使用 wx.connectSocket 方法连接服务端，而 HTML5 直接创建了 WebSocket 对象；小程序使用 wx.sendSocketMessage 方法向服务端发送数据，而 HTML5 使用 websocket.send 方法向服务端发送数据。

在浏览器中运行这段代码后，会自动连接服务端，然后在页面左上角输入“Hello”，按回车键，在页面会显示发送和返回的响应信息。如图 9-7 所示。

▲图 9-7　HTML5 WebSocket 测试

9.6 小结

本章主要介绍了如何在小程序中使用网络与服务端进行交互，尽管小程序并没有直接支持 Socket 连接，但它支持 WebSocket，这样已经和 HTML5 的网络功能完全相同的。也就是说，HTML5 在网络方法能做什么，小程序就能做什么。与 HTML5 的区别是小程序对网络 Url 的要求很严格，必须要使用安全链接（https 或 wss），以及必须成功备案域名。这种限制会对所有在国外购买的域名说“No”，但腾讯云提供了比较廉价的方案，读者可以根据需要选择适合自己的解决方案。

第 10 章　多媒体

小程序提供了丰富的多媒体 API，通过这些 API，可以在小程序中完成对图像、音频和视频的控制，本章将详细介绍这些 API 的使用方法。

本章要点

- ❑ 选择、预览图像
- ❑ 获取图像信息
- ❑ 选择视频
- ❑ 录音
- ❑ 播放、暂停和定位音频
- ❑ 背景音乐的控制
- ❑ 上下文对象与<audio>和<video>组件的绑定

10.1 图像

小程序提供了 3 个 API，分别用来从不同的图像源选取图像（wx:chooseImage）、预览图像（wx:choosePreview）和获取图像信息（wx:getImageInfo）。本节将详细介绍如何使用这 3 个方法。

10.1.1 选择图像

wx:chooseImage 方法用于从相册选择若干图像文件（1 到 *n*），或从相机拍摄图像，并返回被选中图像的临时路径，以便以后处理。

wx:chooseImage 方法有一个 Object 类型的参数，该参数值的属性用于指定与图像相关的各种信息，下面是对这些属性的描述。

❑ count：Number 类型，可选属性，表示最多可以选择的图片张数，默认是 9。

❑ sizeType：StringArray 类型，可选属性，表示图像尺寸类型，可设置的值是 original 和 compressed。前者表示原图，后者表示压缩图。默认二者都有，也就是允许用户选择是打开原图还是压缩图。

❑ sourceType：StringArray 类型，可选属性，表示图像来源，可设置的值是 album 和 camera。前者表示从相册选图，后者表示用相机拍摄。默认二者都有，也就是允许用户选择图像来源。

- success：Function 类型，必须属性，成功则返回图片的本地文件路径列表 tempFilePaths。
- fail：Function 类型，可选属性，接口调用失败的回调函数。
- complete：Function 类型，可选属性，接口调用结束的回调函数（调用成功、失败都会执行）。

下面的例子给出了一个简单的演示，该程序通过单击按钮，执行 wx:chooseImage 方法来选取图像，然后将选取的图像显示在<image>组件中。

index.wxml：

```
<view style="margin:20px">
  <button bindtap="onClick">选择图像</button>
  <image src="{{imageSrc}}" mode="aspectFit" style="margin-top:10px;width: 300px; hei
ght: 300px; background-color: #eeeeee;" />
</view>
```

index.js：

```
var app = getApp()
Page({
  data: {
    imageSrc: ''    //  该变量与<image>组件绑定
  },
  //选择图像
  onClick: function () {
    var that = this;
    wx.chooseImage({
      count: 1, // 最多只允许选择一个图像
      sizeType: ['original', 'compressed'],
      sourceType: ['album', 'camera'],
      success: function (res) {

        that.setData(
          {
            imageSrc: res.tempFilePaths[0]     //  显示选中的第一个图像
          }
        )
       //  输出返回的路径个数
       console.log(res.tempFilePaths.length)
      }
    })
  }
})
```

由于小程序模拟器和真机的差异，在模拟器与在真机上测试 wx:chooseImage 方法的效果是不一样的。例如，在模拟器上，不管 sourceType 属性的值是什么，都只会显示一个图像选择对话框，允许从本地选取一个或若干图像文件。而在真机上进行测试，根据 sourceType 属性值的不同，会允许用户有不同的选择。

我们现在模拟器上测试，单击“选择图像”按钮，会弹出一个如图 10-1 所示的图像选择对话框（这是 Mac OS X 的对话框，Windows 风格对话框请在 Windows 下测试）。不管 count 属性的值是多少，该对话框都允许同时选择多个图像文件。不过，wx:chooseImage 方法会根据 count 属性的值，选择前 count 个图像文件。例如，count 属性值为 1，不管选择了多少图像文件，wx:chooseImage 方法都只会选取第一个图像文件，忽略其他的图像文件。

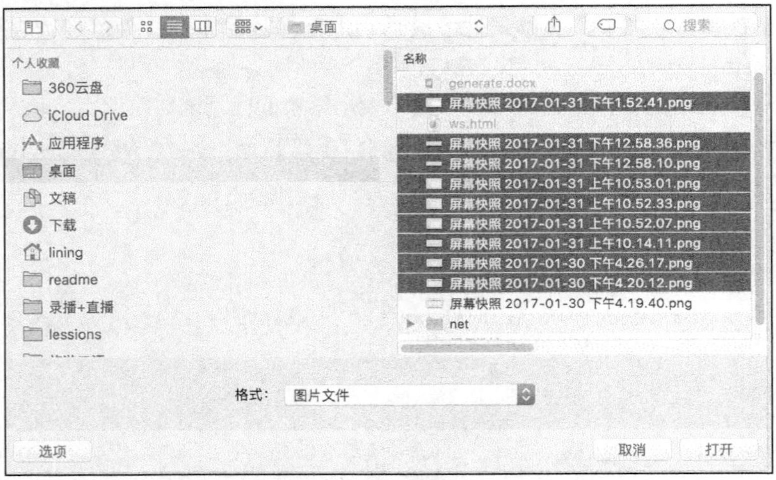

▲图 10-1　图像选择对话框

在本例中，sourceType 属性的值为['album', 'camera']，也就是允许用户决定从相册选择图像或是从相机拍摄图像。小程序模拟器目前不支持相机，所以在模拟器中只会显示图像选择对话框，但在真机上就不一样了。在 iPhone 上测试时，屏幕下方会出现如图 10-2 的图像源选择菜单。

▲图 10-2　iPhone 中图像源选择菜单

在 Android 手机上测试，会看到如图 10-3 所示的图像源选择窗口，第 1 项是“拍摄照片”，其他的是相册中的图像。

▲图 10-3　Android 中的图像源选择窗口

如果 sizeType 属性的值是['original', 'compressed']，在从相册中选择图像后，单击屏幕下方的“预览”，会允许用户选择是否从原图打开。iPhone 的效果如图 10-4 所示，Android 的效果如图 10-5 所示。

▲图 10-4　iPhone 中选择原图的窗口

▲图 10-5　Android 中选择原图的窗口

如果不选择“原图”，系统会对原图进行压缩（图像尺寸缩小处理），以减少对资源的消耗。当 sizeType 属性的值是['original']或['compressed']时，在“预览”窗口就不会出现“原图”的选项，直接采用压缩或原图的方式处理图像文件。

选择图像后，会在<image>组件中显示已经选择的图像，效果如图 10-6 所示。

▲图 10-6　在<image>组件中显示图像

10.1.2　预览图像

wx.previewImage 方法用来预览图像。所谓预览，就是让图像全屏显示。该方法的 Object 类型参数的属性在事件触发上与 wx.chooseImage 方法相同，只是 wx.previewImage 方法需要设置一个 urls 属性，该属性为 StringArray 类型，表示用于预览的图像文件路径集合，其实就是上一节代码中 res.tempFilePaths 属性的值。

本节会改进上一节的程序，实现单击<image>组件后，可以预览图像。首先需要为<image>组件设置一个点击事件函数（previewImage），代码如下：

```
<image bindtap="previewImage" src="{{imageSrc}}" mode="aspectFit"
style="margin-top:10px;width: 300px; height: 300px; background-color: #eeeeee;" />
```

接下来需要在 data 中定义一个 imageList 属性，用来保存选中的图像临时路径。在选中图像后（onClick 函数），需要设置 imageList 属性的值，最后需要实现 previewImage 函数。完整的代码如下：

```
var app = getApp()
Page({
  data: {
    imageSrc: '',
    imageList: [],
  },
  //选择图像
```

```
    onClick: function () {
      var that = this;
      wx.chooseImage({
        count: 2,
        sizeType: [ 'original','compressed'],
        sourceType: ['album', 'camera'],
        success: function (res) {
                that.setData(
            {
              imageSrc: res.tempFilePaths[0],
              imageList:res.tempFilePaths
            }
          )
          console.log(res.tempFilePaths.length)
        }
      })
    },
    previewImage: function (e) {
      var current = e.target.dataset.src

      wx.previewImage({

        urls: this.data.imageList
      })
    }
  })
```

在真机上运行小程序后，选中一个或多个图像，然后单击<image>组件，就会进入图像预览窗口。

10.1.3 获取图像信息

wx.getImageInfo 方法可以获取图像的宽度、高度和路径。其中，宽度和高度单位是物理像素。使用该方法时，需要使用 src 属性指定用来获取信息的图像文件名。src 属性可以指定内嵌到小程序中的图像，也可以指定通过 wx.chooseImage 方法选择的图像。

首先在 pages 目录中建立一个 images 子目录，然后放置一个 pic.png 图像文件，目录结构如图 10-7 所示。

▲图 10-7 pic.png 图像的位置

我们可以使用下面的代码获取 pic.png 图像的信息。

```
imageInfo: function (e) {
  wx.getImageInfo({
    src: '../images/pic.png',
    success: function (res) {
      console.log(res.width)       //  输出图像的宽度
      console.log(res.height)      //  输出图像的高度
      console.log(res.path)        //  输出图像的路径
    }
  })
 }
```

执行这段代码后，会在 Console 中输出如图 10-8 所示的信息。

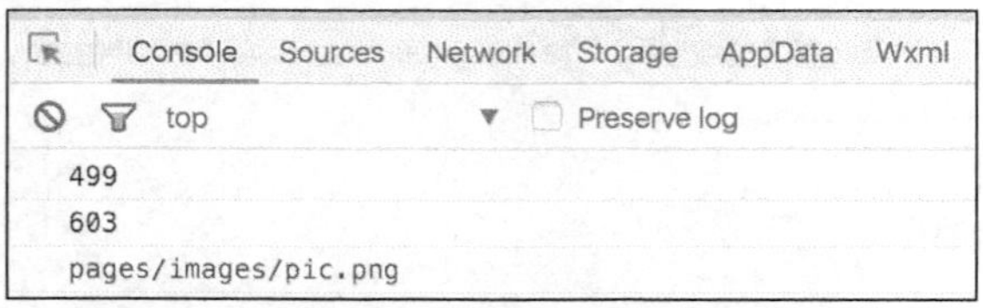

▲图 10-8　输出 pic.png 文件的相关信息

我们也可以使用下面的代码获取使用 wx.chooseImage 方法选择的图像的信息。

```
wx.getImageInfo({
   src: res.tempFilePaths[0],
   success: function (res) {
     console.log(res.width)
     console.log(res.height)
     console.log(res.path)
   }
 })
```

选择一个图像后，会在 Console 中输出如图 10-9 所示的图像信息。

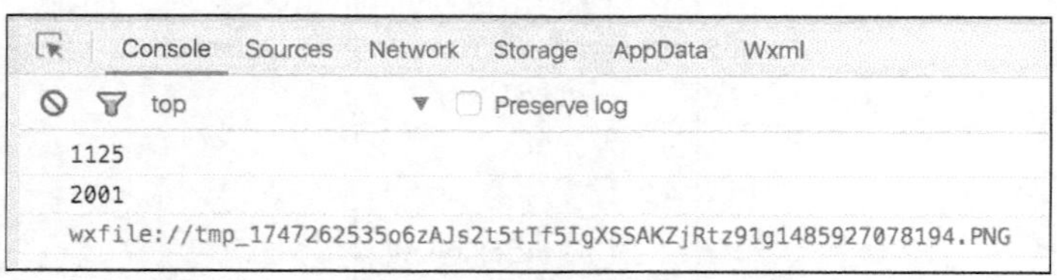

▲图 10-9　获取选择的图像的信息

10.2 音频处理

小程序提供了一系列 API 用来进行音频处理，例如录音、播放音频文件、背景音乐等，本节将详细介绍这些 API 的使用方法。

10.2.1 录音

通过 wx.startRecord 和 wx.stopRecord 方法，可以录制和停止录制音频。如果成功录制音频，会将音频存在临时文件中，并返回临时音频文件名，以便后续处理。

与大多数 API 一样，这两个方法都可以传入对象类型参数。对于这两个方法来说，只有 3 个事件属性：success、fail 和 complete。含义与其他方法同名属性类似。

下面的布局代码在窗口上放置两种按钮："开始录音"和"停止录音"。

```
<view style="margin:20px">
  <button  bindtap="startRecord">开始录音</button>
  <button style = "margin-top:10px" bindtap="stopRecord">停止录音</button>
</view>
```

单击这两个按钮，分别调用 startRecord 和 stopRecord 函数，这两个函数及相关代码如下：

```
var app = getApp()
Page({
  data: {
    recording: false,    //  表示当前是否正在录制
    hasRecord: false,    //  表示当前是否已经成功录制，并成功生成了音频临时文件
  },
  //录制音频
 startRecord: function () {
    var that = this;
    //  开始录制音频
    wx.startRecord({
      // 录制成功后调用
      success: function (res) {
        console.log(res.tempFilePath);
        that.setData({
          hasRecord: true,
          tempFilePath: res.tempFilePath,     //  保存音频文件临时路径
        })
      },
      //  不管录制成功还是失败，都会调用该方法，用于收尾工作
      complete: function () {
        that.setData({ recording: false })
      }
    })
  },
 //  停止音频录制
 stopRecord:function()
 {
   var that = this;
   console.log(this.data.tempFilePath);
    wx.stopRecord({
      success: function() {
        console.log('stop record success')
        that.setData({
          recording: false,
          hasRecord: false,
        })
      }
    })
 }

})
```

第一次单击“开始录音”按钮后，会弹出一个对话框，询问是否授权音频录制，授权后才会开始录制音频。当第一次授权后，以后不会再次弹出该授权对话框。

要注意的是，小程序模拟器对录音支持的并不好，因此，需要使用真机测试本节的例子。开启小程序真机调试模式后，单击“开始录音”按钮，弄出点声音，然后再单击“停止录音”按钮，会在真机的 Console 中输入如图 10-10 的临时音频文件路径。

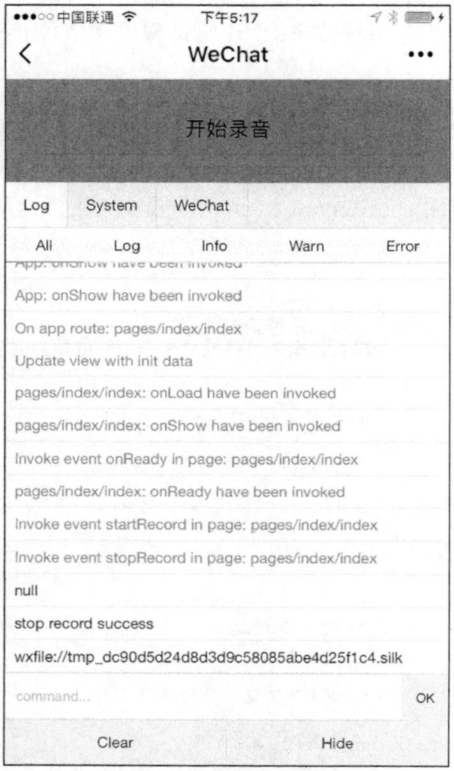

▲图 10-10　临时音频文件路径

10.2.2　播放、暂停、停止声音

使用 wx.playVoice 方法可以播放指定的音频文件，该方法需要设置一个 filePath 属性，用来指定音频文件的路径。使用 wx.pauseVoice 方法可以暂停当前音频文件的播放，暂停后，再次调用 wx.playVoice 方法，会从暂停的位置继续播放。如果想要从头播放音频文件，需要调用 wx.stopVoice 方法停止音频文件的播放，再次调用 wx.playVoice 方法就会从头开始播放音频文件。小程序只允许同时播放一个音频文件，如果播放当前音频时，前一个音频正在播放，将终止前一个音频的播放。

下面的代码改进了上一节的程序，在停止录音后，可以播放、暂停和停止录制的音频。

index.wxml：

```
<view style="margin:20px">
  <button  bindtap="startRecord">开始录音</button>
```

```
  <button style = "margin-top:10px" bindtap="stopRecord">停止录音</button>
  <button style = "margin-top:10px" bindtap="playVoice">播放录音</button>
  <button style = "margin-top:10px" bindtap="pauseVoice">暂停播放</button>
  <button style = "margin-top:10px" bindtap="stopVoice">停止播放</button>
</view>
```

index.js：

```
var app = getApp()
Page({
  data: {
    recording: false,
    playing: false,
    hasRecord: false,
  },
  //开始录音
  startRecord: function () {
    var that = this;
    wx.startRecord({
      success: function (res) {
        console.log(res.tempFilePath);
        that.setData({
          hasRecord: true,
          tempFilePath: res.tempFilePath,
        })
      },
      complete: function () {
        that.setData({ recording: false })
      }
    })
  },
  //  停止录音
  stopRecord: function () {
    var that = this;
    console.log(this.data.tempFilePath);
    wx.stopRecord({
      success: function () {
        console.log('stop record success')
        that.setData({
          recording: false,
          hasRecord: false,
        })
      }
    })
  },
  //  开始播放录制的音频
  playVoice: function () {
    var that = this;
    wx.playVoice({
      filePath: this.data.tempFilePath,
      success: function () {
        console.log('play voice finished')
        that.setData({
          playing: false,
        })
      }
    })
  },
   //  暂停播放录制的音频
  pauseVoice: function () {
    wx.pauseVoice()
```

```
      this.setData({
        playing: false
      })
    },
    // 停止播放录制的音频
    stopVoice: function () {
      this.setData({
        playing: false,

      })
      wx.stopVoice()
    }
})
```

10.2.3 控制背景音乐

小程序还提供一组用于播放背景音乐的 API，背景音乐和普通音乐的区别就是背景音乐在当前页面播放后，即使切换到当前小程序的其他页面，也不会停止播放。但当小程序退出后，背景音乐就会停止播放。

在小程序中，允许播放背景音乐、暂停背景音乐、停止背景音乐和随机定位背景音乐这 4 个功能分别由如下 4 个方法实现。

- wx. playBackgroundAudio：播放背景音乐。
- wx.pauseBackgroundAudio：暂停背景音乐。
- wx.stopBackgroundAudio：停止背景音乐。
- wx.seekBackgroundAudio：随机定位背景音乐。

除此之外，小程序还提供了 wx.getBackgroundAudioPlayerState 方法用来获取背景音乐状态。这几个方法都需要设置一些属性，相关内容会连同本节的案例一起介绍。

本节要实现一个可以在线播放背景音乐的小程序，主界面如图 10-11 所示。

该小程序用于控制部分由 3 个<button>组件和 1 个<slider>组件组成。单击“播放背景音乐”按钮，会播放背景音乐；单击“暂停背景音乐”按钮，会暂停播放背景音乐；再次单击“播放背景音乐”按钮，会继续播放背景音乐；单击“停止背景音乐”按钮，会停止背景音乐的播放。

通过滑动<slider>组件的滑杆，会定位到背景音乐的某一个位置，从该位置继续播放背景音乐。如果在模拟器上测试，在模拟器的下方会出现一个音乐控制器，可以暂停和继续播放背景音乐。

下面是实现图 10-11 所示界面的布局代码。

```
<view style="margin: 30px;">
  <view style="width: 100%;display: flex;">
    <text style="width: 100%;font-size: 60px;margin: 20px; text-align: center; ">{{fo
rmatedPlayTime}}</text>
  </view>
  <slider style="width: 100%" min="0" max="401" step="1" value="{{playTime}}" bindcha
nge="seek" ></slider>
  <view style="font-size: 28px; width: 100%;display: flex;justify-content: space-betw
een;box-sizing: border-box;">
    <text>00:00</text>
    <text>06:41</text>
  </view>
  <button style="margin-top:20px" bindtap="playBackgroundAudio">播放背景音乐</button>
```

```
  <button style="margin-top:20px" bindtap="pauseBackgroundAudio">暂停背景音乐</button>
  <button style="margin-top:20px" bindtap="stopBackgroundAudio">停止背景音乐</button>
</view>
```

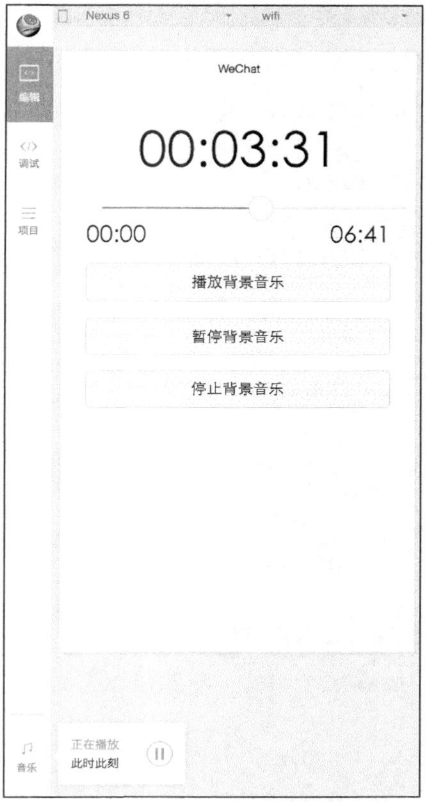

▲图 10-11　播放背景音乐的主界面

从这段布局代码可以看到，<slider>组件的拖动事件和 seek 函数绑定，而 3 个按钮分别和 playBackgroundAudio、pauseBackgroundAudio 和 stopBackgroundAudio 函数绑定。由于这些 API 无法获取背景音乐的时长，所以在布局代码中直接指定了时长（06:41）。<slider>组件的 max 属性值是 401，每一个刻度表示 1 秒，06:41 的时长正好是 401 秒。

下面是完整的 JavaScript 代码。

```
//  背景音乐文件对应的 Url（在线播放）
var dataUrl =
'http://ws.stream.qqmusic.qq.com/M500001VfvsJ21xFqb.mp3?guid=ffffffff82def4af4b12b3cd
9337d5e7&uin=346897220&vkey=6292F51E1E384E061FF02C31F716658E5C81F5594D561F2E88B854E81
CAAB7806D5E4F103E55D33C16F3FAC506D1AB172DE8600B37E43FAD&fromtag=46'

var app = getApp()
Page({
  data: {
    playTime:0,                     //  <slider>组件当前的位置
    formatedPlayTime: '00:00:00'    //  当前播放的位置
```

```
  },
  //播放背景音乐
  playBackgroundAudio: function () {
    var that = this
    wx.playBackgroundAudio({
      dataUrl: dataUrl,
      title: '此时此刻',
    })
    this.enableInterval()
    app.globalData.backgroundAudioPlaying = true
  },
  //  暂停背景音乐
  pauseBackgroundAudio: function () {
    var that = this
    wx.pauseBackgroundAudio()
    app.globalData.backgroundAudioPlaying = false
  },
  //  停止背景音乐
  stopBackgroundAudio: function () {
    var that = this
    wx.stopBackgroundAudio({
      success: function (res) {
        that.setData({
          playTime: 0,
          formatedPlayTime: '00:00:00'
        })
      }
    })
    app.globalData.backgroundAudioPlaying = false

  },
  //  将秒格式的时间格式化为 00:00:00 形式（时分秒）
  formatTime: function (time) {
    if (typeof time !== 'number' || time < 0) {
      return time
    }
    var hour = parseInt(time / 3600)
    time = time % 3600
    var minute = parseInt(time / 60)
    time = time % 60
    var second = time

    return ([hour, minute, second]).map(function (n) {
      n = n.toString()
      return n[1] ? n : '0' + n
    }).join(':')
  },
  //  随机定位背景音乐
  seek: function (e) {

    clearInterval(this.updateInterval)
    var that = this
    wx.seekBackgroundAudio({
      position: e.detail.value,
      complete: function () {
        // 实际会延迟两秒左右才跳过去
        setTimeout(function () {
          that.enableInterval()
        }, 2000)
      }
```

```
      })
    },
    //  开启定时器，播放计时
    enableInterval: function () {
      var that = this
  update()
  //  开启定时器，500 毫秒获取一次背景音乐的播放位置
      this.updateInterval = setInterval(update, 500)

      function update() {
        wx.getBackgroundAudioPlayerState({
          success: function (res) {
            if (res.currentPosition != undefined) {
  that.setData({
    playTime: res.currentPosition,
                formatedPlayTime: that.formatTime(res.currentPosition + 1)
              })
            }
          }
        })
      }
    },
  })
```

我们可以从如下几点来理解这段代码。

wx.playBackgroundAudio 方法支持在线播放背景音乐，通过 dataUrl 属性指定在线背景音乐的 Url。

这里使用 app.globalData.backgroundAudioPlaying 变量保存背景音乐的播放状态，其中 app.globalData 是全局作用域。由于背景音乐对于当前小程序来说是全局的，所以要求即使播放背景音乐的当前窗口关闭，播放状态变量仍然有效，因此需要将这些相对于当前小程序是全局的变量放到 app.globalData 中。

本例使用了 JavaScript 中标准的定时器来获取背景音乐播放的当前位置，每 500 毫秒通过 wx.getBackgroundAudioPlayerState 方法获取一次背景音乐播放的位置。

10.2.4 音频组件控制

可以通过 wx.createAudioContext 方法与一个<audio>组件绑定，通过 wx.createAudioContext 方法返回的上下文对象的相应方法控制<audio>组件播放、暂停和定位音频文件。

wx.createAudioContext 方法的参数是<audio>组件的 id 属性值，因此，要想通过 wx.createAudio Context 方法控制<audio>组件，该组件需要指定 id 属性。下面的布局代码放置了一个<audio>组件和 4 个按钮，用来控制<audio>组件的行为。

```
<audio  src="{{src}}" id="myAudio" controls></audio>

<button  style="margin-top:10px" bindtap="audioPlay">播放</button>
<button style="margin-top:10px" bindtap="audioPause">暂停</button>
<button style="margin-top:10px" bindtap="audio100">设置当前播放时间为 100 秒</button>
<button style="margin-top:10px" bindtap="audioStart">回到开头</button>
```

布局的显示效果如图 10-12 所示。

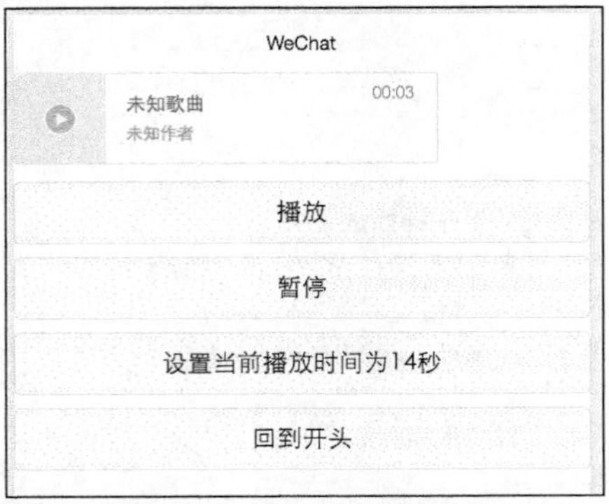

▲图 10-12　控制<audio>组件播放的界面

下面的 JavaScript 代码用来根据<audio>组件的 id 创建 audio 的上下文对象，并控制<audio>组件的行为。

```
Page({
  onReady: function (e) {
    // 使用 wx.createAudioContext 获取 audio 上下文 context
    this.audioCtx = wx.createAudioContext('myAudio')
    //  为上下文指定要播放的音频 Url
this.audioCtx.setSrc('http://ws.stream.qqmusic.qq.com/M500001VfvsJ21xFqb.mp3?guid=ffffffff82def4af4b12b3cd9337d5e7&uin=346897220&vkey=6292F51E1E384E06DCBDC9AB7C49FD713D632D313AC4858BACB8DDD29067D3C601481D36E62053BF8DFEAF74C0A5CCFADD6471160CAF3E6A&fromtag=46')
    this.audioCtx.play()   //  开始播放音频
  },
  data: {
    src: ''
  },
  //  播放音频
  audioPlay: function () {
    this.audioCtx.play()
  },
  //  暂停播放
  audioPause: function () {
    this.audioCtx.pause()
  },
  //  定位到 100 秒的位置
  audio100: function () {
    this.audioCtx.seek(100)
  },
  //  定位到开始的位置
  audioStart: function () {
    this.audioCtx.seek(0)
  }
})
```

我们可以看到，当单击相应的按钮时，<audio>组件左侧的控制按钮也会随着变化。

10.3 视频处理

小程序提供了一系列 API 用来进行视频处理，例如选择视频文件、控制视频播放组件等，本节将详细介绍这些 API 的使用方法。

10.3.1 选择视频文件

使用 wx.chooseVideo 方法可以从相册中选择视频文件或用相机拍摄视频，并返回视频文件的临时路径。

下面的布局代码放置了 1 个按钮和 1 个<video>组件，单击按钮后，会询问用户是从相册选择视频，还是用相机拍摄视频。当选择完后，会用<video>组件播放刚才选择的视频。

```
<button  style="margin-top:10px" bindtap="chooseVideo">选择视频</button>
<video  style="margin-top:10px" src="{{src}}" class="video"></video>
```

单击按钮会调用 chooseVideo 函数，该函数的代码如下：

```
Page({
  chooseVideo:function()
  {
      var that = this
      //  选择视频文件
      wx.chooseVideo({
      sourceType: ['camera', 'album'],
      camera: ['front', 'back'],
      maxDuration: 10,
      success: function (res) {
        that.setData({
          src: res.tempFilePath  //  设置 src 属性为视频文件临时路径，以便在<video>组件中播放视频
        })
      }
    })
  }
})
```

wx.chooseVideo 方法的 sourceType 属性用于指定视频源，相册（album）或相机（camera）。如果都指定，会和选择图像一样在窗口下方弹出选择菜单，允许用户选择相册或相机。如果只设置一个，会直接进入相册或相机拍摄状态。camera 属性用于控制使用前置相机（front）还是后置相机（back），不过经测试，这个属性并不起作用，不管设置什么值，前后相机都可用，这可能是一个 bug。maxDuration 属性用于设置最长录制的时间，单位是秒。本例设置为 10，表示用相机最长可以拍摄 10 秒的视频，如果超过时间，拍摄会自动终止。

10.3.2 视频组件控制

通过 wx.createVideoContext 方法，可以与<video>绑定，用一些方法来控制<video>播放和暂停视频。下面的代码放置了一个<video>组件，并设置了 id 属性值为 myVideo。

```
<view >
  <video id="myVideo" src="http://wxsnsdy.tc.qq.com/105/20210/snsdyvideodownload?file
key=30280201010421301f0201690402534804102ca905ce620b1241b726bc41dcff44e00204012882540
400&bizid=1023&hy=SH&fileparam=302c020101042530230204136ffd93020457e3c4ff02024ef20203
1e8d7f02030f42400204045a320a0201000400"   enable-danmu danmu-btn controls></video>

    <input bindblur="bindInputBlur"/>
    <button style="margin-top:10px"bindtap="bindSendDanmu">发送弹幕</button>
```

```
    <button style="margin-top:10px" bindtap="playVideo">播放视频</button>
    <button style="margin-top:10px" bindtap="pauseVideo">暂停视频</button>
    <button style="margin-top:10px" bindtap="seekVideo">定位视频</button>
</view>
```

布局的效果如图 10-13 所示。

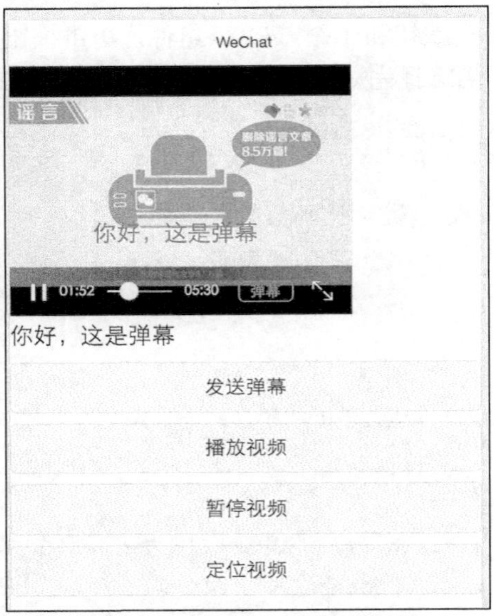

▲图 10-13　用 Video Context 播放视频

视频上下文除了能播放、暂停和定位视频外，还可以在视频播放窗口上显示弹幕。弹幕文本可以在“发送弹幕”按钮上方的<input>组件中输入，如图 10-13 所示。然后单击“发送弹幕”按钮，即可显示一次弹幕（位置随机，颜色通过程序控制）。

下面是完整的实现代码。

```
//  随机生成弹幕文字颜色
function getRandomColor () {
  let rgb = []
  for (let i = 0 ; i < 3; ++i){
    let color = Math.floor(Math.random() * 256).toString(16)
    color = color.length == 1 ? '0' + color : color
    rgb.push(color)
  }
  return '#' + rgb.join('')
}

Page({
  onReady: function (res) {
    //  创建视频上下文
    this.videoContext = wx.createVideoContext('myVideo')
  },
  inputValue: '',    //  输入的弹幕文本
  //  获取弹幕文本
  bindInputBlur: function(e) {
    this.inputValue = e.detail.value
```

```
    },
    //  发送弹幕
    bindSendDanmu: function () {
      this.videoContext.sendDanmu({
        text: this.inputValue,
        color: getRandomColor()
      })
    },
    //  播放视频
    playVideo:function()
    {
      this.videoContext.play();
    },
    //  暂停视频
    pauseVideo:function()
    {
      this.videoContext.pause();
    },
    //  将视频定位到 100 秒的位置
    seekVideo:function()
    {
      this.videoContext.seek(100);
    }
  })
```

10.4 小结

小程序主要支持图像、音频和视频的处理。尽管并不支持高级操作，但目前支持的程度已经足够做一款在线播放的小程序了，而且在用户体验上绝不输本地 App。而且小程序还支持背景音乐，这样可以为自己的小程序增色不少，一边使用小程序，一边听着音乐，是不是很惬意呢！

第 11 章　数据存取

数据存取是小程序中的一个重要功能，因为如果没有数据存取，那么获得的任何数据都无法永久保存，这对于大多数小程序来说是无法接受的。本章会重点介绍与数据存储相关 API 的使用方法。

本章要点

- ❑ 永久文件的保存
- ❑ 获取文件信息
- ❑ 删除永久文件
- ❑ 管理 key-value 值

11.1 文件管理

11.1.1　保存文件

在前面的章节介绍了 wx.downloadFile 方法可以下载 Url 指定的文件到本地的临时文件，但临时文件随时可能被删掉，所以要想让下载的文件或其他方式获得的文件永久保存，就需要使用本讲要介绍的 wx.saveFile 方法，该方法可以将临时文件保存成永久文件。

wx.saveFile 方法有一个重要参数 tempFilePath，用来指定要保存的临时文件名。下面的代码首先通过 wx.downloadFile 方法下载一个 pdf 文档，如果下载成功，再使用 wx.saveFile 方法将保存的临时文件保存成永久文件。

```
downloadAndSavePdf: function () {
   var that = this;
   wx.downloadFile({
     url: 'https://geekori.com/download/test.pdf',
     success: function (res) {
       console.log(res.tempFilePath);
       //  将临时文件保存成永久的文件
       wx.saveFile({
         tempFilePath: res.tempFilePath,
         success: function (res) {
           var savedFilePath = res.savedFilePath
           console.log(savedFilePath);
           //  将永久文件保存中 data.downloadPath 变量中，以备其他代码使用
           that.setData({
             downloadPath: savedFilePath
```

```
                    })
                }
            })
        }
    })

}
```

运行上述代码后，会在 Console 中输出如图 11-1 所示的信息，临时文件名和永久文件名的前缀分别是 tmp 和 store。

▲图 11-1　临时文件名和永久文件名

11.1.2 获取保存的文件列表

通过 wx.getSavedFileList 方法，可以获取已经保存的永久文件列表（文件名以 store 开头的文件）。

```
wx.getSavedFileList({
   success: function (res) {
     console.log(res.fileList)
   }
})
```

执行上述代码后，会在 Console 中输出如图 11-2 所示的文件列表。

▲图 11-2　永久存储的文件列表

其中，列表中每一个对象表示一个文件，对象中有 3 个属性，含义如下。

- filePath：String 类型，文件的本地路径。
- createTime：Number 类型，文件的保存时的时间戳，从 1970/01/01 08:00:00 到当前时间的秒数。
- size：Number 类型，文件尺寸，单位是字节。

11.1.3　获取文件信息

通过 wx.getSavedFileInfo 方法可以获取指定文件的相关信息，这些信息包括文件尺寸和文件创建时间。使用 wx.getSavedFileInfo 方法获取指定文件信息的代码如下：

```
wx.getSavedFileInfo({
   filePath: 'wxfile://store_1245245288o6zAJs2t5tIf5IgXSSAKZjRtz91g1486648006373.pdf',
   success: function (res) {
     console.log('文件尺寸：',res.size)
     console.log('文件创建时间：',res.createTime)
   }
 })
```

注意：filePath 属性用于指定本地文件路径，读者需要将该路径换成自己机器上的本地路径，可以用上一节介绍的 wx.getSavedFileList 方法获取文件路径列表。

执行这段代码后，会在 Console 中输出如图 11-3 所示的信息。

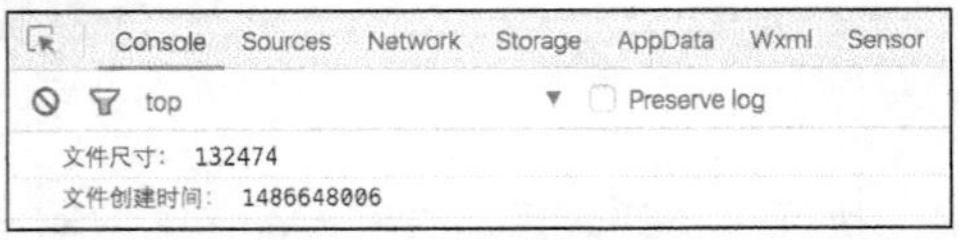

▲图 11-3　获取指定文件的信息

11.1.4　删除永久文件

通过 wx.removeSavedFile 方法可以删除指定的文件。下面的代码用于删除文件列表中第一个文件。

```
wx.getSavedFileList({
   success: function (res) {
     if (res.fileList.length > 0) {
       wx.removeSavedFile({
         filePath: res.fileList[0].filePath,
         complete: function (res) {
           console.log(res)
         }
       })
     }
   }
 })
```

当不断执行这段代码时，会看到每执行一次文件列表中的文件就少一个。

11.1.5　打开文档

使用 wx.openDocument 方法可以打开已知类型的文档，目前支持的文件格式包括 doc、xls、ppt、pdf、docx、xlsx、pptx。下面的代码通过 wx.downloadFile 文件下载了一个 pdf 文档，如果下载成功，用 wx.openDocument 方法打开该文档。

```
wx.downloadFile({
   url: 'https://geekori.com/download/test.pdf',
   success: function (res) {
```

```
        var filePath = res.tempFilePath
        wx.openDocument({
          filePath: filePath,
          success: function (res) {
            console.log('打开文档成功')
            console.log(res)
          },
          fail:function(res){
            console.log('fail')
            console.log(res)
          },
          complete: function(res) {
            console.log('complete')
            console.log(res)
          }
        })
      },
      fail:function(res){
        console.log('fail')
        console.log(res)
      },
      complete: function(res) {
        console.log('完成')
        console.log(res)
      }
    })
```

要注意的是，这段代码必须在 iOS 或 Android 真机上测试，在小程序模拟器上无法成功打开文档。执行这段代码，就会打开 test.pdf 文档，效果如图 11-4 所示。读者也可以将 test.pdf 换成 test.docx，打开的效果如图 11-5 所示。

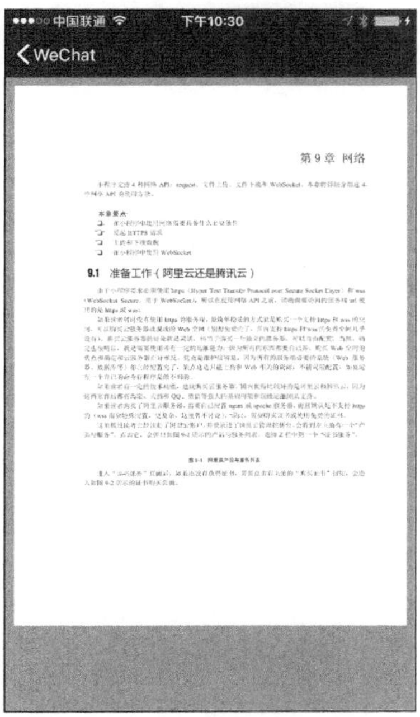

▲图 11-4 打开 pdf 文档的效果

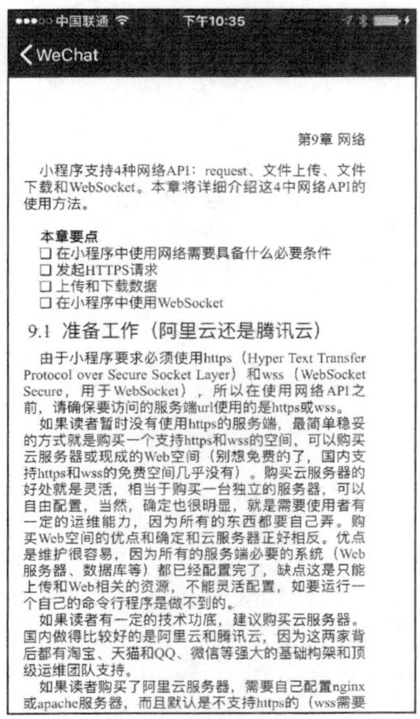

图 11-5 打开 docx 文档的效果

11.2 数据缓存

小程序提供了一套 API，用于管理 key-value 值，例如保存、读取、删除 key-value 值。这些 key-value 值通常用于保存配置文件以及一些简单的设置。本节主要介绍相关 API 的使用方法。

11.2.1　异步存取 key-value 值

wx.setStorage 和 wx.getStorage 方法可以通过异步的方式永久保存 key-value 值。其中，wx.setStorage 方法通过 key 和 data 两个属性分别设置了 key 和 value，而 wx.getStorage 方法通过 key 属性获取被保存的值。下面的例子从两个<input>组件中分别读取 key 和 data，并利用这两个方法保存和获取相应的值。

```
<view style="margin:20px">
  <input style="border-bottom: 1px solid #eee;" type="text" placeholder="key" name="k
ey" value="{{key}}" bindinput="keyChange">
  </input>
  <input style="margin-top:30px;border-bottom: 1px solid #eee;" type="text" placehold
er="data" name="data" value="{{data}}" bindinput="dataChange"></input>
  <button style="margin-top:30px" bindtap="saveKeyValue">异步保存 key-value 值</button>
  <button style="margin-top:30px" bindtap="loadKeyValue">异步装载 key-value 值</button>
</view>
```

这两个<input>组件分别绑定了 key 和 data 两个变量，并且输入事件分别绑定了 keyChange 和 dataChange 方法。通过单击下面两个<button>组件实保存和写入 key-value 值的操作，完整的实现代码如下：

```
Page({
  data: {
    key: '',
    data: ''
  },
  //  单击第一个按钮执行的事件函数，用于保存 key-value 值
  saveKeyValue: function () {
    var that = this;
    //  保存 key-value 值
    wx.setStorage({
      key: that.data.key,          //  设置 key
      data: that.data.data,        //  设置 value
      //  该函数保存成功时调用
      success: function (res) {
        console.log('异步成功保存了 key-value 值');

      }
    })
  },
  //  读取 key-value 值
  loadKeyValue: function () {
    var that = this;
    wx.getStorage({
      key: that.data.key,             //  通过 key 读取 value
      success: function (res) {

        that.setData(
```

```
            {
              data: res.data            //  获取与 key 对应的数据（value）
            }
          )
        }
      })
    },
    keyChange: function (e) {
      this.setData({
        key: e.detail.value
      })
    },
    dataChange: function (e) {
      this.setData({
        data: e.detail.value
      })
    },
  })
```

11.2.2 同步存取 key-value 值

使用 wx.setStorageSync 和 wx.getStorageSync 方法可以用同步的方式存取 key-value 值。同步和异步的区别在于同步不适用回调函数获取返回值，而是直接通过 wx.getStorageSync 方法返回读取的值，而且只有当 wx.setStorageSync 和 wx.getStorageSync 方法执行完后，才会执行下面的语句。这两个方法和上一节讲的异步方法的参数类似，只是没有回调函数部分。下面的代码使用同步的方式存取了 key-value 值。

```
Page({
  data: {
    key: '',
    data: ''
  },
  syncSaveKeyValue: function () {
    try {
      //  用同步的方式写入了 key-value 值
      wx.setStorageSync(this.data.key, this.data.data)
      //  只有写入完成后，才会执行后面的语句

    } catch (e) {
    }
  },
  syncLoadKeyValue: function () {
    try {
      //  用同步的方式读取 key-value 值
      var value = wx.getStorageSync(this.data.key)
      //  只有读取成功，才会获取 value 值
      this.setData(
        {
          data: value
        }
      )
      console.log(value);
    }
    catch (e) {

    }
  }
 })
```

11.2.3　获取 key-value 存储信息

通过 wx.getStorageInfo 和 wx.getStorageInfoSync 方法，可以获取 key-value 存储信息，包括已经存储的 key 的集合，当前总的尺寸（KB）和最大尺寸（KB）。例如，下面的代码通过 wx.getStorageInfo 和 wx.getStorageInfoSync 方法，分别以异步和同步的方式获取 key-value 存储信息。

异步获取 key-value 存储信息：

```
getStorageInfo: function () {
   wx.getStorageInfo({
     success: function (res) {
       //  获取已经存储的 key 的集合
       console.log(res.keys)
       //  获取当前存储尺寸
       console.log(res.currentSize)
       //  获取可存储的最大尺寸
       console.log(res.limitSize)
     }
   })
 }
```

同步获取 key-value 存储信息：

```
getStorageInfo: function () {
   try {
     var res = wx.getStorageInfoSync()
     console.log(res.keys)
     console.log(res.currentSize)
     console.log(res.limitSize)
   } catch (e) {

   }
 },
```

不管是异步，还是同步，执行这些代码后都会在 Console 中输出如图 11-6 所示的信息。

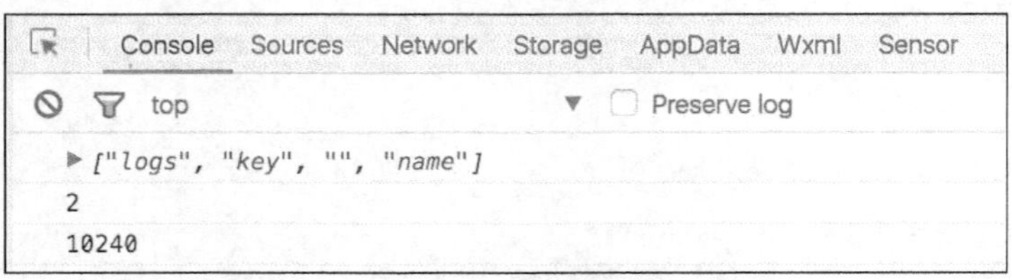

▲图 11-6　key-value 存储信息

很显然，当前的存储尺寸是 2KB，不过因为增加存储空间都是一块一块增加的，尽管第一行所显示的几个 key 不可能用 2048 个字节，但 currentSize 是按当前块的尺寸的，所以是 2KB。最后的 10240 是最大尺寸空间，也就是 10MB。因此，key-value 值最多可以存储 10MB 的数据。

11.2.4　移除指定的 key-value 值

使用 wx.removeStorage 和 wx.removeStorageSync 方法可以用异步和同步的方式移除指定的 key。如果是异步方式，成功移除 key 后，会调用 success 回调函数。下面的代码分别用异步和同步的方式移除指定的 key。

用异步的方式移除指定的 key：

```
removeStorage: function () {
  var that = this;
  wx.removeStorage({
    key: that.data.key,
    success: function (res) {
      console.log('移除成功')
    }
  })
}
```

用同步的方式移除指定的 key：

```
removeStorage: function () {
  try {
    wx.removeStorageSync(this.data.key)
    console.log('用同步的方式成功移除 key');
  } catch (e) {
    // Do something when catch error
  }
},
```

11.2.5 清除所有的 key-value 值

通过 wx.clearStorage 和 wx.clearStorageSync 方法，可以用异步和同步的方式清除所有的 key-value 值。这两个方法都没有参数，因为要清除所有的 key-value 的值，是不需要指定 key 的。下面的代码分别使用了异步和同步的方式清除所有的 key-value 值。

异步方式清除所有的 key-value 值：

```
clearStorage: function () {
  wx.clearStorage()
}
```

同步方式清除所有的 key-value 值：

```
clearStorage: function () {
  try {
    wx.clearStorageSync()
  } catch (e) {
  }
},
```

11.3 小结

尽管小程序没有像 Android、iOS 一样提供复杂的数据存储解决方案，但小程序也不是为复杂应用而设计的，所以目前永久文件存储和 key-value 管理已经足够实现大多数应用了。

第 12 章　位置

小程序可以利用微信的功能调用 GPS 以及定位地图，本章会主要介绍小程序中与位置相关的 API。

本章要点

- 经纬度的获取
- 地图定位
- 控制<map>组件

12.1 获取经纬度

通过 wx.getLocation 方法可以获取当前的经纬度。该方法需要设置一个重要的属性 type，该属性表示获取位置的类型，默认值是 wgs84，返回 GPS 坐标。该属性还可以设置为 gcj02，返回值可用于 wx.openLocation 方法。

本节的例子通过单击按钮，调用 wx.getLocation 返回当前的经纬度，并显示在<text>组件中，布局代码如下：

```
<view style="margin:20px">
   <text style="font-size:30px">E{{location.longitude[0]}}° {{location.longitude[1]}}′
N{{location.latitude[0]}}° {{location.latitude[1]}}′ </text>
   <button style="margin-top:20px" bindtap="onClick">获取位置</button>
</view>
```

完整的 JavaScript 实现代码如下：

```
//  用于格式化经纬度的函数
function formatLocation(longitude, latitude) {
  longitude = longitude.toFixed(2)     //  保留两位小数
  latitude = latitude.toFixed(2)       //  保留两位小数
  return {
    longitude: longitude.toString().split('.'),
    latitude: latitude.toString().split('.')
  }
}
Page({
  data: {
    location: ''

  },
```

```
    onClick: function () {
      var that = this
      //  获取当前的位置
      wx.getLocation({
        success: function (res) {
          console.log(res)
          that.setData({
            location: formatLocation(res.longitude, res.latitude)
          })
        }
      })
    }
  })
```

单击“获取位置”按钮，会在<text>组件中显示如图 12-1 所示的信息（东经和北纬）。

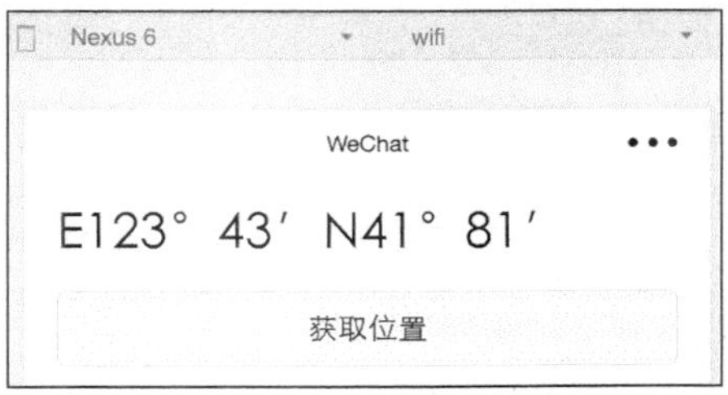

▲图 12-1　获取当前位置

12.2 在地图上选中位置

使用 wx.chooseLocation 方法可以打开腾讯地图，并选中位置，然后返回与位置相关的信息。该方法通过 success 回调函数返回与选择的位置相关的信息，这些信息如下。

- name：位置名称。
- address：详细地址。
- latitude：纬度，浮点数，范围为-90～90，负数表示南纬。
- longitude：经度，浮点数，范围为-180～180，负数表示西经。

下面的代码使用 wx.chooseLocation 方法打开腾讯地图，并选中相应的位置，然后单击右上角的“发送”按钮，即可通过 success 函数返回相关位置信息。

```
onClick: function () {
  wx.chooseLocation({
    success: function (res) {
      console.log('位置名称: ' + res.name)
      console.log('详细地址: ' + res.address)
      console.log('纬度: ' + res.latitude)
      console.log('经度: ' + res.longitude)
    }
  })
}
```

单击按钮后，会显示如图 12-2 所示的地图。单击地图的某个位置，会在下面的列表中显示周边进行过标注的位置信息，选择一个，然后单击右上角的“发送”按钮，即可返回。

▲图 12-2　在腾讯地图上选择位置

返回后，会在 Console 中输出如图 12-3 所示的位置信息。

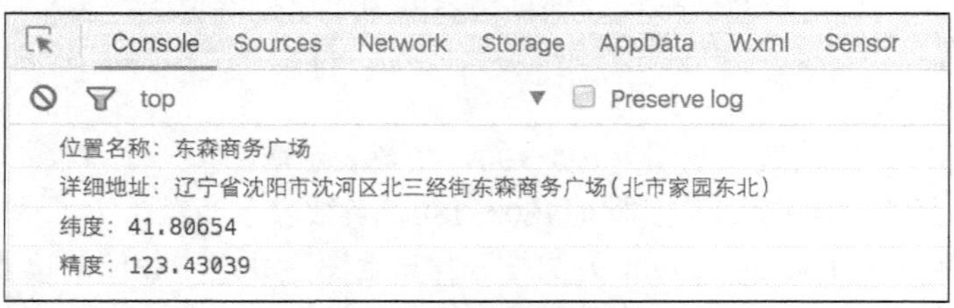

▲图 12-3　显示位置信息

12.3 用微信内置的地图显示位置

使用 wx.openLocation 方法，可以打开微信内置的腾讯地图，并定位到该方法参数指定的位置。该方法可以指定如下几个属性用来控制显示的位置和位置信息。

- ❑ latitude：Float 类型，必选，纬度，范围为–90～90，负数表示南纬。
- ❑ longitude：Float 类型，必选，经度，范围为–180～180，负数表示西经。
- ❑ scale：INT 类型，可选，缩放比例，范围 5～18，默认为 18。

- name：String 类型，可选，位置名。
- address：String 类型，可选，地址的详细说明。

wx.openLocation 方法可以接受 wx.getLocation 方法返回的位置，但 type 属性要设置为 gcj02。下面的代码首先用 wx.getLocation 方法获取当前的位置，然后调用 wx.openLocation 方法打开地图，并定位到相应的位置。

```
onClick: function () {
  wx.getLocation({
    type: 'gcj02', //返回可以用于 wx.openLocation 的经纬度
    success: function (res) {
      var latitude = res.latitude
      var longitude = res.longitude
      wx.openLocation({
        name:'沈阳',
        address:'市府广场',
        latitude: latitude,
        longitude: longitude,
        scale: 15
      })
    }
  })
}
```

如果在小程序模拟器上执行这段代码，会显示如图 12-4 所示的地图。其中，name 和 address 属性的值都显示在“去这里”对话框上。

▲图 12-4　用微信内置的地图显示位置（模拟器）

如果在真机上运行这段代码，会看到如图 12-5 所示的效果，在屏幕下方显示了 name 和 address 的内容。

▲图 12-5　用微信内置的地图显示位置（真机）

12.4 与<map>组件绑定

使用 wx.createMapContext 方法可以建立一个地图上下文，并与<map>组件绑定。该方法只有一个参数，那就是需要指定<map>组件的 id 属性值。

下面的布局代码在页面上放置一个<map>组件和两个<button>组件。

```
<map style="margin-top:20px;width:100%;height:40vh" id="myMap" show-location />
 <button style="margin-top:20px" type="primary" bindtap="getCenterLocation">获取位置
</button>
 <button style="margin-top:20px" type="primary" bindtap="moveToLocation">移动位置
</button>
```

通过单击“获取位置”按钮，可以获取中心点的位置（经纬度），也就是当前的位置。通过单击“移动位置”，将移动到当前的位置。布局的显示效果如图 12-6 所示。

▲图 12-6　控制<map>组件

完整的 JavaScript 实现代码如下：

```
Page({
  onReady: function (e) {
    // 使用 wx.createMapContext 获取 map 上下文
    this.mapCtx = wx.createMapContext('myMap')
  },
  getCenterLocation: function () {
    this.mapCtx.getCenterLocation({
      success: function (res) {
        console.log(res.longitude)
        console.log(res.latitude)
      }
    })
  }
  ,
  moveToLocation: function () {
    this.mapCtx.moveToLocation()
  }
 }
)
```

12.5 小结

本章介绍了位置 API，可以实现与位置相关的应用，例如订餐服务、打车服务等。

第 13 章 设备

小程序可以控制部分硬件设备，以及获取硬件信息。例如，系统信息、网络类型（Wifi、4G 等）、重力传感器、拨打电话。

本章要点

- 获取系统和网络信息
- 获取重力感应的 x、y 和 z 轴数据
- 获取罗盘的方向
- 拨打电话
- 扫描条码和二维码

13.1 获取系统信息

使用 wx.getSystemInfo 和 wx.getSystemInfoSync 方法，可以通过异步和同步的方式获取系统信息，这些信息包括手机型号、微信版本号、窗口宽度和高度等。系统信息通过一个对象返回，对象属性如下：

- model：手机型号。
- pixelRatio：设备像素比。
- windowWidth：窗口宽度。
- windowHeight：窗口高度。
- language：微信设置的语言。
- version：微信版本号。
- system：操作系统版本。
- platform：客户端平台。

下面的布局代码放置了多个<text>组件，用来显示这些系统信息。

```
<view style="margin:20px;display: flex;flex-direction: column;">
  <text style="font-size:30px">手机型号：{{model}}</text>
  <text style="font-size:30px;margin-top:20px">设备像素比：{{pixelRatio}}</text>
  <text style="font-size:30px;margin-top:20px">窗口宽度：{{windowWidth}}</text>
  <text style="font-size:30px;margin-top:20px">窗口高度：{{windowHeight}}</text>
  <text style="font-size:30px;margin-top:20px">微信设置的语言：{{language}}</text>
```

```
  <text style="font-size:30px;margin-top:20px">微信版本号：{{version}}</text>
  <text style="font-size:30px;margin-top:20px">操作系统版本：{{system}}</text>
  <text style="font-size:30px;margin-top:20px">客户端平台：{{platform}}</text>
  <button style="margin-top:20px" bindtap="onClick_SystemInfo">异步获取系统信息</button>
  <button style="margin-top:20px" bindtap="onClick_SystemInfoSync">同步获取系统信息
</button>
</view>
```

异步和同步方式获取系统信息的完整 JavaScript 代码如下：

```
Page({
  data: {
    model: '',
    pixelRatio: 0,
    windowWidth: 0,
    windowHeight: 0,
    language: '',
    version: '',
    system: '',
    platform: ''
  },
  //  异步获取系统信息
  onClick_SystemInfo: function () {
    var that = this
    wx.getSystemInfo({
      success: function (res) {
        that.setData(
          {
            model: res.model,
            pixelRadio: res.pixelRatio,
            windowWidth: res.windowWidth,
            windowHeight: res.windowHeight,
            language: res.language,
            version: res.version,
            system: res.system,
            platform: res.platform
          }
        )
      }
    })
  },
  //  同步获取系统信息
  onClick_SystemInfoSync: function () {
    var res = wx.getSystemInfoSync()
    this.setData(
      {
        model: res.model,
        pixelRadio: res.pixelRatio,
        windowWidth: res.windowWidth,
        windowHeight: res.windowHeight,
        language: res.language,
        version: res.version,
        system: res.system,
        platform: res.platform
      }
    )
  }
}
)
```

单击“异步获取系统信息”或“同步获取系统信息”按钮，会在页面上显示如图 13-1 所示的系统信息。

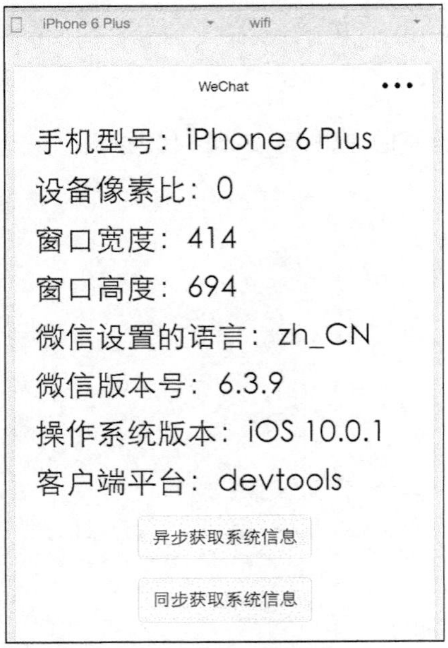

▲图 13-1　显示系统信息

如果在模拟器上测试，手机型号会和模拟器左上方选择的一致。

13.2 获得网络类型

使用 wx.getNetworkType 方法可以用异步的方式（目前小程序未提供通过同步的方式获取网络类型的方法）获取网络类型，也就是手机如何联网的。返回的网络类型包括 wifi/2g/3g/4g/unknown（Android 下不常见的网络类型）/none（无网络）。

下面的布局代码放置了一个<text>和一个<button>组件，单击按钮后，会在<text>组件中显示网络类型。

```
<view style="margin:20px;display: flex;flex-direction: column;">
  <text style="font-size:30px">网络类型：{{networkType}}</text>
  <button style="margin-top:20px" bindtap="onClick_NetworkType">获取网络类型</button>
</view>
```

获取网络类型完整的 JavaScript 代码如下：

```
Page({
  data: {
    networkType: ''
  },
  onClick_NetworkType: function () {
    var that = this;
    wx.getNetworkType({
```

```
        success: function (res) {
          // 返回网络类型, 有效值:
          // wifi/2g/3g/4g/unknown(Android 下不常见的网络类型)/none(无网络)
          that.setData(
            {
              networkType:res.networkType
            }
          )
        }
      })
    }
  }
)
```

单击“获取网络类型”按钮，会显示如图 13-2 所示的网络类型。如果在模拟器中测试程序，可以在模拟器的右上方选择相应的网络类型，如本例中的 4g。

▲图 13-2 获取网络类型

13.3 获取重力感应数据

通过 wx.onAccelerometerChange 方法可以获取重力感应数据，也就是通过手机中的重力传感器获得手机在 x、y 和 z 轴上的运动状态。例如，手机沿 y 轴上下运动，可以通过 y 向量的值判断手机运动的剧烈程度。

wx.onAccelerometerChange 是异步方法，需要指定一个函数类型的参数，通过回调函数参数可以返回 x、y 和 z 轴的值。另外，这个方法并不是调用一次返回一次值，而是只需要调用一次，就会以每秒 5 次的频率不断检测 x、y 和 z 轴的向量值。也就是说，只要调用了 wx.onAccelerometerChange 方法，这个回调函数就会每 0.2 秒被调用一次。

下面的代码通过 wx.onAccelerometerChange 方法监测了 x、y 和 z 轴的值，并将监测结果输出到 Console。

```
wx.onAccelerometerChange(function(res) {
  console.log(res.x)
  console.log(res.y)
  console.log(res.z)
})
```

本节的例子必须在真机上测试，在模拟器上不会返回任何结果。例如，图 13-3 就是在 iPhone 上的测试结果，很明显，在 Console 上会不断输出 x、y 和 z 的值。

▲图 13-3 在手机上的 Console 中输出 x、y、z 的值

13.4 获取罗盘方向

通过 wx.onCompassChange 方法可以监测罗盘方向，也就是以“北”为 0 度的度数。例如，如果是正东北方向，那么就是 45 度。该方法需要传递一个函数类型的参数作为监测的回调函数，该回调函数会通过 direction 属性传回手机当前的度数，也就是手机头正对的方向。direction 属性的类型的浮点数，所以通常会将该属性值转换为整数。

下面的布局代码放置了一个<text>和一个<button>组件，当单击<button>组件时，开始监测罗盘方向，每 0.2 秒调用回调函数一次（每秒调用 5 次）。

```
<view style="margin:20px;display: flex;flex-direction: column;">
  <text style="font-size:30px">方向（0 表示正北）：{{direction}}</text>
  <button style="margin-top:20px" bindtap="onClick_Direction">监测方向</button>
</view>
```

监测罗盘方向的完整 JavaScript 代码如下：

```
Page({
  data: {
    direction: ''
  },
  onClick_Direction: function () {
    var that = this;
    wx.onCompassChange(function (res) {
      that.setData(
        {
          direction: parseInt(res.direction)  //  将罗盘方向转换为整数
        }
      )
    })
  }
}
)
```

本节的例子必须在真机上测试，图 13-4 是在 iPhone 上测试的效果，单击“监测方向”按钮，当手机角度变化时，<text>组件中的角度也随之变化。

▲图 13-4　罗盘方向

13.5 拨打电话

使用 wx.makePhoneCall 方法可以拨打指定的电话，该方法通过 phoneNumber 属性传入电话号。

下面的布局代码在页面上放置了一个<input>和一个<button>组件，当单击<button>组件时，会调用 wx.makePhoneCall 拨打电话。

```
<view style="margin:20px;display: flex;flex-direction: column;">
  <input placeholder="请输入电话号" value="{{phoneNumber}}" bindInput="input"/>
  <button style="margin-top:20px" bindtap="onClick_Call">拨打电话<tton>
<iew>
```

拨打电话的完整 JavaScript 代码如下：

```
var app = getApp()
Page({

  data: {
       phoneNumber:''
  },
  input:function(res)
  {
    this.setData({
```

```
      phoneNumber:res.detail.value
    })
  },
  onClick_Call:function()
  {
    var that = this;
    wx.makePhoneCall({
      phoneNumber:that.data.phoneNumber
    })
  }
})
```

如果在模拟器上测试本节的例子，仅会弹出一个如图 13-5 的对话框来模拟拨打电话。在真机上测试会直接拨打电话。

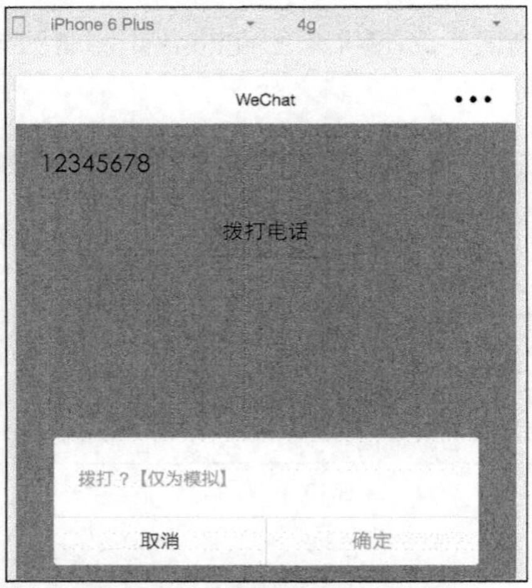

▲图 13-5　模拟器上模拟拨打电话

13.6 扫描二维码

通过 wx.scanCode 方法可以调用微信的扫码窗口来扫描二维码（实际上，也可以扫描条码），并通过回调函数返回扫描的结果。

wx.scanCode 方法会返回如下 4 个结果。

- ❑ result：扫码的内容。
- ❑ scanType：扫码的类型。
- ❑ charSet：扫码的字符集。
- ❑ path：当所扫的码为当前小程序的合法二维码时，会返回此字段，内容为二维码携带的 path。

下面的布局放置了 4 个<text>组件和一个<button>组件，用于显示这 4 个返回结果。单击按钮后，开始显示扫码界面，正确识别后，会返回小程序页面，并显示返回的结果。

```
<view style="margin:20px;display: flex;flex-direction: column;">
  <text style="word-wrap:break-word;">{{code}}</text>
```

```
    <text>{{scanType}}</text>
    <text>{{charSet}}</text>
    <text style="word-wrap:break-word;">{{path}}</text>
    <button style="margin-top:20px" bindtap="onClick_ScanCode">扫描二维码</button>
</view>
```

扫码和显示识别结果的完整 JavaScript 代码如下：

```
Page({
  data: {
    code: '',
    scanType:'',
    charSet:'',
    path:''
  },
  onClick_ScanCode: function () {
    var that = this;
    wx.scanCode({
      success: (res) => {
        that.setData(
          {
            code:res.result,
            scanType:res.scanType,
            charSet:res.charSet,
            path:res.path
          }
        )
      }
    })
  }
}
)
```

单击“扫描二维码”按钮，如果在模拟器上，会显示一个图像选择对话框，要选择一个二维码或条码。如果在真机上，会直接调用微信的扫描窗口（会开启照相机），要对准一个二维码或条码，成功识别后，会返回小程序的页面，并输出如图 13-6 所示的信息。

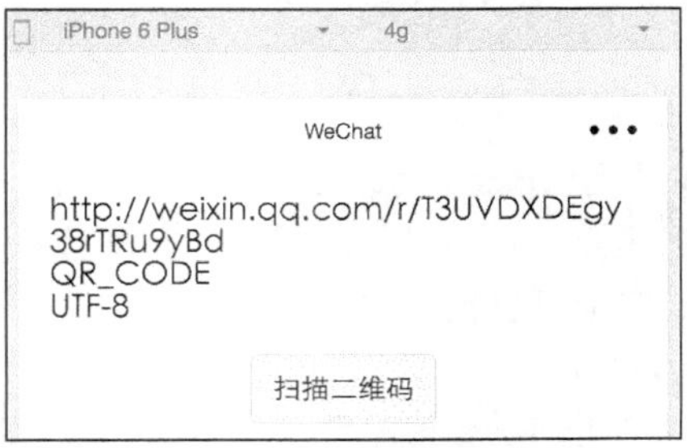

▲图 13-6　二维码识别结果

13.7 小结

尽管目前小程序能访问的硬件有限，不过小程序也不是用来取代 App 的，所以适当在小程序中增加一些和硬件有关的功能，如指南针、扫描二维码，还是绰绰有余的。

第 14 章　界面

除了前面章节介绍的组件之外，小程序还提供了丰富的 API 用来渲染界面，本章介绍这些 API 的使用方法。

本章要点

- ❑ Toast 信息框
- ❑ 模态窗口
- ❑ ActionSheet
- ❑ 页面导航
- ❑ 动画
- ❑ 绘图
- ❑ 下拉刷新

14.1 信息框

目前小程序支持 Toast 信息框、模态窗口以及 ActionSheet，本节将介绍这些信息框的使用方法。

14.1.1　显示 Toast 信息框

使用 wx.showToast 方法可以显示 Toast 信息框。用过 Android 的读者肯定知道 Android 中有 Toast 信息框，这个信息框是无法获得焦点的，而且显示很短的时间就会自动关闭。尽管原生的 Toast 信息框只在 Android 中有，但 iOS 完全可以模拟这一效果。微信为小程序模拟了 Toast 的效果，虽然样式和原生的 Toast 信息框有些差异。

使用 wx.showToast 方法可以弹出 Toast 信息框，该方法需要传递一个对象参数，对象属性如下。

- ❑ title：String 类型，必选，Toast 信息框的内容。
- ❑ icon：String 类型，可选，Toast 信息框的图标，目前只支持“success”、“loading”。
- ❑ duration：Number 类型，可选，Toast 信息框关闭的延迟时间，单位毫秒，默认为 1500，最大为 10000。
- ❑ mask：Boolean 类型，可选，是否显示透明蒙层，防止触摸穿透，默认为 false。
- ❑ success：Function 类型，可选，接口调用成功的回调函数。

- fail：Function 类型，可选，接口调用失败的回调函数。
- complete：Function 类型，可选，接口调用结束的回调函数（调用成功、失败都会执行）。

下面的代码弹出了一个 success Toast 信息框。

```
wx.showToast({
   title: '成功',
   icon: 'success',
   duration: 2000      //  2 秒后自动关闭
 })
```

执行这段代码，会弹出如图 14-1 所示的 Toast 信息框。

如果执行下面的代码，会弹出如图 14-2 所示的 loading Toast 信息框。

```
wx.showToast({
   title: '装载装载',
   icon: 'loading',
   duration: 2000          //  2 秒后自动关闭
 })
```

▲图 14-1　success Toast 信息框

▲图 14-2　loading Toast 信息框

14.1.2　隐藏 Toast 信息框

尽管使用 wx.showToast 方法显示的 Toast 信息框在显示一段时间后会自动隐藏，但有时需要提前隐藏这个信息框，所以需要调用 wx.hideToast 方法来隐藏 Toast 信息框。下面的代码会显示一个在 10 秒后自动关闭的 Toast 信息框，不过后面使用了定时器在 2 秒后关闭了这个 Toast 信息框。

```
wx.showToast({
   title: '加载中',
   icon: 'loading',
   duration: 10000
 })
  setTimeout(function () {
   wx.hideToast()
 }, 2000)
```

14.1.3　显示模态窗口

使用 wx.showModal 方法可以显示一个模态窗口。所谓模态窗口，就是一旦弹出窗口，除非关闭该窗口，否则无法单击窗口后面的组件。

wx.showModal 方法需要传递一个对象类型的参数，对象属性的描述如下。

- title：String 类型，必选，模态窗口的标题。
- content：String 类型，必选，模态窗口的内容。
- showCancel：Boolean 类型，可选，是否显示取消按钮，默认为 true。
- cancelText：String 类型，可选，　取消按钮的文字，默认为“取消”，最多 4 个字符。
- cancelColor：HexColor 类型，可选，取消按钮的文字颜色，默认为“#000000”。
- confirmText：String 类型，可选，确定按钮的文字，默认为"确定"，最多 4 个字符。
- confirmColor：HexColor 类型，否确定按钮的文字颜色，默认为“#3CC51F”。
- success：Function 类型，可选，接口调用成功的回调函数，返回 res.confirm 为 true 时，表示用户单击确定按钮。
- fail：Function 类型，可选，　接口调用失败的回调函数。
- complete：Function 类型，可选，　接口调用结束的回调函数（调用成功、失败都会执行）。

下面的代码会显示一个模态窗口，单击“确定”或“取消”按钮，会关闭该窗口。

```
wx.showModal({
  title: '提示',
  content: '这是一个模态弹窗',
  success: function (res) {
    if (res.confirm) {
      console.log('用户点击确定')
    }
  }
})
```

执行这段代码后，会显示如图 14-3 所示的模态窗口。

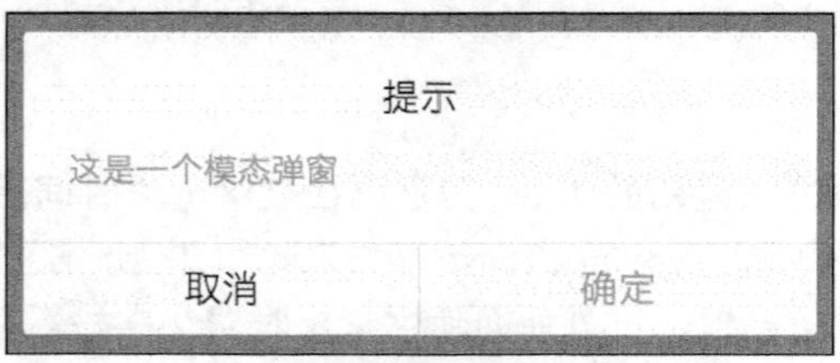

▲图 14-3　模态窗口

14.1.4　显示操作菜单

使用 wx.showActionSheet 方法可以在页面下方显示操作菜单，也就是 iOS 中的 ActionSheet。该方法需要传入一个对象类型的参数，对象属性的描述如下。

- itemList：String Array 类型，必选，按钮的文字数组，数组长度最大为 6 个。
- itemColor：HexColor 类型，可选，按钮的文字颜色，默认为“#000000”。
- success：　Function 类型，可选，接口调用成功的回调函数，详见返回参数说明。
- fail：Function 类型，可选，接口调用失败的回调函数。
- complete：Function 类型，可选，接口调用结束的回调函数（调用成功、失败都会执行）。

下面的代码使用 wx.showActionSheet 方法显示了一个 ActionSheet。

```
wx.showActionSheet({
   itemList: ['Item1', 'Item2', 'Item3'],
   success: function (res) {
     console.log(res.tapIndex)
   },
   fail: function (res) {
     console.log(res.errMsg)
   }
 })
```

执行这段代码，会显示如图 14-4 所示的 ActionSheet。

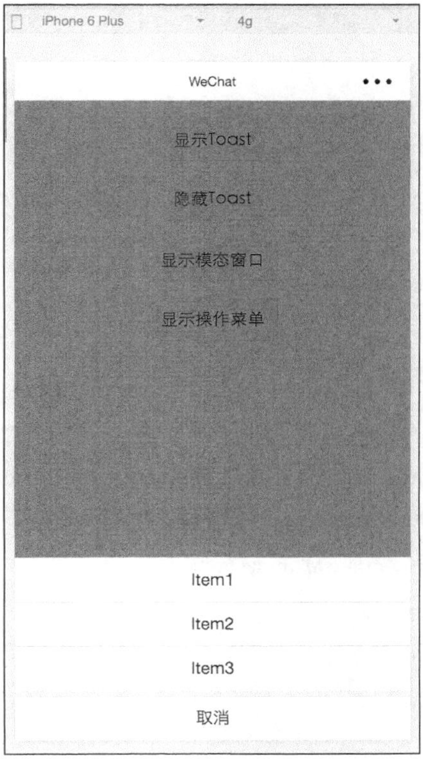

▲图 14-4　ActionSheet

14.2 导航

本节主要介绍了如何操作导航条，例如，为导航条添加标题、导航与返回页面等。

14.2.1　为导航条添加标题

导航条就是小程序页面最上方的部分（右侧有一个省略号的最上端区域），默认的导航条标题是 WeChat，如图 14-5 所示。这个标题可以通过 wx.setNavigationBarTitle 方法修改。

▲图 14-5　未设置标题的导航条

wx.setNavigationBarTitle 方法需要通过对象参数传入 title 属性，即可设置标题，代码如下：

```
wx.setNavigationBarTitle({
   title: '天气预报'
 })
```

执行这段代码后，会看到导航条标题变为如图 14-6 所示的内容。

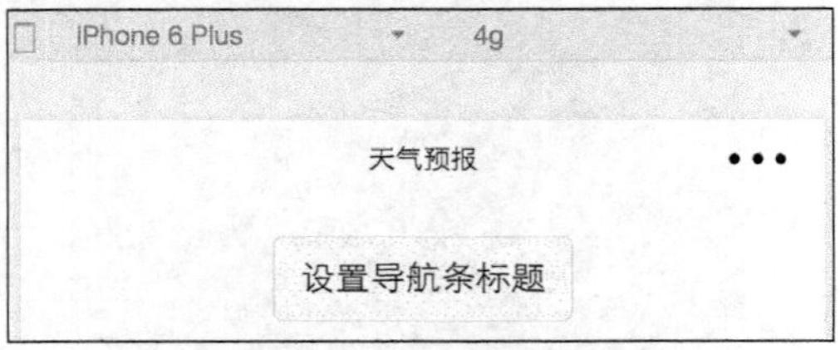

▲图 14-6　设置了标题的导航条

14.2.2　设置和隐藏导航条动画

通过 wx.showNavigationBarLoading 和 wx.hideNavigationBarLoading 方法可以在导航条上显示和隐藏动画。这两个方法都没有参数，可以直接调用。

```
onClick_showNavigationBarLoading:function()
 {
   wx.showNavigationBarLoading();        //  显示导航条动画
 },
 onClick_hideNavigationBarLoading:function()
 {
    wx.hideNavigationBarLoading();     //  隐藏导航条动画
 }
```

导航条动画就是在导航条标题前加一个不断旋转的小圆圈，效果如图 14-7 所示。

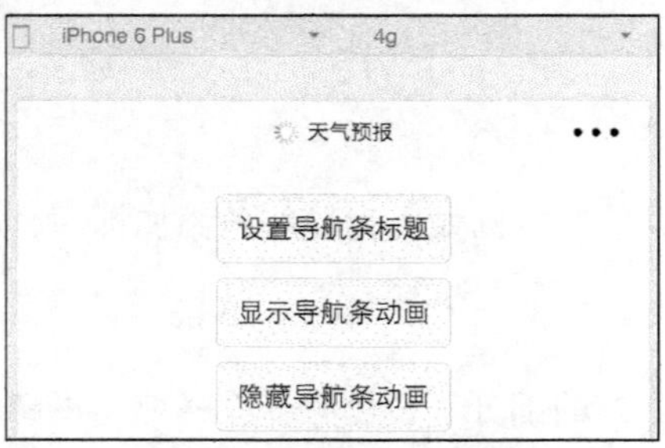

▲图 14-7　导航条上的动画

14.2.3 导航与返回页面

如果小程序中包含了多个页面，就需要在不同页面之前切换，最常用的页面切换方式是从当前页面切换到其他页面，然后单击导航条左上角的“返回”按钮，可以返回到原来的页面。

从当前页面切换到另外一个页面可以使用 wx.navigateTo 方法，通过该方法导航到另一个页面时可以携带参数，并在目标页面中获取传递的参数值。下面的代码从当前页面导航到了 page 页面（在创建新页面时，不要忘了在 app.json 文件中配置）。

```
wx.navigateTo({
   url: 'page?title=新页面'
 })
```

下面新建立一个 page 页面，并在 page.wxml 文件中添加如下布局代码。

```
<view style="margin:20px">
  <input placeholder="请输入返回第几层页面" style="margin:20px"  value="{{value}}"
bindinput="charInput"/>
  <button style="margin:20px" bindtap="onClick_navigateBack">返回</button>
  <button style="margin-top:10px" bindtap="onClick_navigateTo">跳转到 page1 页面</button>
</view>
```

执行这段代码的效果如图 14-8 所示。

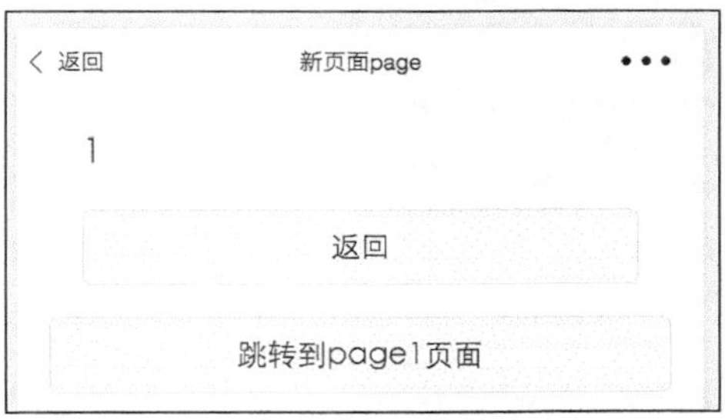

▲图 14-8 page 页面

在这段布局代码中利用<input>组件输入了一个整数值，并用<input>组件添加了一个“返回”按钮，单击该按钮，就会返回前一个页面。这个“返回”按钮和左上角的“返回”按钮不同的是新添加的“返回”按钮在多次导航后，允许返回到某一个指定的页面，而不是只返回上一个页面。使用 wx.navigateBack 方法返回页面，该方法需要传递一个 delta 属性，表示要返回哪一个页面。如果 delta 属性值是 1，就和左上角的“返回”按钮的功能完全一样，也就是返回上一个页面。如果 delta 属性值大于 1，则可以跳跃（delta – 1）个页面返回，例如，假设当前页面是 C，该页面从 A 导航到 B，再从 B 导航到 C，如果这时从 C 页面开始返回，并且 delta 属性值为 2，那么会从 C 直接返回到 A，而不是 B。

下面是 page.js 文件的完整实现代码。

```
Page({
    data: {
        value: 1
    },
```

```
    onLoad: function (option) {
        //  获取导航时传过来的参数值，并将该参数值设置为当前页面的标题
        wx.setNavigationBarTitle({ title: option.title + "page" })
    },
    onClick_navigateBack: function () {
        var that = this;
        //  返回指定的页面
        wx.navigateBack({
            delta: that.data.value
        })
    },
    charInput: function (res) {
        this.setData(
            {
                value: parseInt(res.detail.value)  //  必须转换为 int 类型的值
            }
        )
    },
    //  导航到下一个新的页面
    onClick_navigateTo: function () {
        wx.navigateTo({
            url: 'page1?title=新页面'
        })
    }
}
)
```

我们看到，从 page 页面又导航到了 page1 页面，该页面的布局和 page 类似，代码如下：

```
<view style="margin:20px">
  <input placeholder="请输入返回第几层页面
" style="margin:20px"  value="{{value}}" bindinput="charInput"/>
  <button style="margin:20px" bindtap="onClick_navigateBack">返回</button>
</view>
```

page1.js 的代码如下：

```
Page({
    data: {
        value: 1
    },
    onLoad: function (option) {
        wx.setNavigationBarTitle({ title: option.title + "page1" })
    },
    onClick_navigateBack: function () {
        var that = this;
      console.log(this.data.value)
        wx.navigateBack({
            delta: that.data.value
        })
    },
    charInput:function(res)
    {
        this.setData(
            {
                value:parseInt(res.detail.value)  //  一定要转换为 int 类型的值
            }
        )
    }
}
)
```

现在运行小程序，单击“跳转到 page 页面”按钮，导航到 page 页面，然后再单击“跳转到 page1 页面”按钮，会导航到 page1。如果这时单击“返回”按钮，会返回到 page 页面，如果在<input>组件中输入 2，再单击“返回”按钮，会导航到主页（index）。

14.2.4 导航到指定页面，并关闭当前页面

使用 wx.redirectTo 方法可以导航到另一个页面，但当前页面就会关闭。也就是说，如果从 index 导航到 page 页面，在 page 页面的左上角是没有“返回”按钮的。wx.redirectTo 方法需要传递一个 url 属性用来指定目标页面，可以带参数，多个参数用&分隔，和 Web 地址的参数格式相同。

下面的代码从当前的 index 页面导航到 page 页面。

```
wx.redirectTo({
   url: 'page?title=redirectTo'
 })
```

图 14-9 是 page 页面，很明显，左上角的“返回”按钮没有了。而且单击下面的“返回”按钮也无法返回 index 了，因为 index 页面已经关闭了。

▲图 14-9　用 wx.redirectTo 方法导航到的页面

14.3 动画

小程序允许使用 wx.createAnimation 方法创建 Animation 对象，并通过 animation 属性与某个组件绑定来展现动画效果。小程序支持常用的动画效果，例如旋转、移动、缩放、倾斜等。本节的例子依次演示了这些动画效果。

首先在 index.wxml 文件中放置如下的布局代码。

```
<view style="margin:20px">
  <view style="justify-content:center;display:flex">
    <image src="../../image/code.jpg" style="width:120px;height:120px" animation=
"{{animation}}"></image>
  </view>
  <button style="margin-top:20px" bindtap="rotate">旋转</button>
  <button style="margin-top:10px" bindtap="scale">缩放</button>
  <button style="margin-top:10px" bindtap="translate">移动</button>
  <button style="margin-top:10px" bindtap="skew">倾斜</button>
```

```
    <button style="margin-top:10px" bindtap="rotateAndScale">旋转并缩放</button>
    <button style="margin-top:10px" bindtap="rotateThenScale">旋转然后缩放</button>
    <button style="margin-top:10px" bindtap="all">同时展示全部</button>
    <button style="margin-top:10px" bindtap="allInQueue">顺序展示全部</button>
    <button style="margin-top:10px" bindtap="reset">还原</button>
</view>
```

这段布局代码中，放置了一个<image>组件，该组件中显示了一个图像，并利用各种动画效果来控制图像的显示。下面的若干按钮分别控制不同的动画效果。

运行程序后，会看到如图 14-10 所示的页面效果。

▲图 14-10　动画效果演示

实现动画效果的基本方式是调用 this.animation 的相应动画方法，例如 rotate（旋转）、scale（缩放）等，并调用动画方法返回 Animation 对象的 step 方法，最后更新 data 中的 animation 变量。如果是并行动画（例如，旋转、缩放动画同时执行），不断调用 Animation 对象的动画方法即可。如果是串行动画，每次调用动画方法后，都需要调用 step 方法，然后再调用其他的动画方法。

实现动画效果完整的 JavaScript 代码如下：

```
Page({
  onReady: function () {
    //  通过 createAnimation 方法的参数，可以传入动画完成时间，单位是毫秒，默认是 400 毫秒
    this.animation = wx.createAnimation()
  },
  rotate: function () {
```

```
    //  播放旋转动画，rotate 方法从参数需要指定从原点顺时针旋转的角度，取值范围是-180 到 180
    this.animation.rotate(Math.random() * 720 - 360).step()
    this.setData({ animation: this.animation.export() })
  },
  scale: function () {
    //  播放缩放动画，scale 方法需要指定在 X 和 Y 轴缩放的倍数
    this.animation.scale(Math.random() * 2).step()
    this.setData({ animation: this.animation.export() })
  },
  translate: function () {
    //  播放移动动画，translate 方法需要传入 X 和 Y 轴移动的偏移量
    this.animation.translate(Math.random() * 100 - 50, Math.random() * 100 - 50).step()
    this.setData({ animation: this.animation.export() })
  },
  skew: function () {
    //  播放倾斜动画，skew 第一个参数表示 X 轴坐标延顺时针倾斜 ax 度，第二个参数在 Y 轴倾斜 ay 度
    this.animation.skew(Math.random() * 90, Math.random() * 90).step()
    this.setData({ animation: this.animation.export() })
  },
  //  同时播放旋转和缩放动画
  rotateAndScale: function () {
    this.animation.rotate(Math.random() * 720 - 360)
      .scale(Math.random() * 2)
      .step()
    this.setData({ animation: this.animation.export() })
  },
  //  先播放旋转动画，再播放旋转动画，没播放一个动画，都要调用 step 方法
  rotateThenScale: function () {
    this.animation.rotate(Math.random() * 720 - 360).step()
      .scale(Math.random() * 2).step()
    this.setData({ animation: this.animation.export() })
  },
  //  同时播放所有的动画
  all: function () {
    this.animation.rotate(Math.random() * 720 - 360)
      .scale(Math.random() * 2)
      .translate(Math.random() * 100 - 50, Math.random() * 100 - 50)
      .skew(Math.random() * 90, Math.random() * 90)
      .step()
    this.setData({ animation: this.animation.export() })
  },
  //  顺序播放所有的动画
  allInQueue: function () {
    this.animation.rotate(Math.random() * 720 - 360).step()
      .scale(Math.random() * 2).step()
      .translate(Math.random() * 100 - 50, Math.random() * 100 - 50).step()
      .skew(Math.random() * 90, Math.random() * 90).step()
    this.setData({ animation: this.animation.export() })
  },
  //  恢复初始状态
  reset: function () {
    this.animation.rotate(0, 0)
      .scale(1)
      .translate(0, 0)
      .skew(0, 0)
      .step({ duration: 0 })
    this.setData({ animation: this.animation.export() })
  }
}
)
```

14.4 绘图

本节介绍了一些常用的绘图技术，包括基本图形、贝塞尔曲线、阴影等效果的绘制。

14.4.1　绘制基本图形

通常来说，在画布上可以绘制的基本图形包括直线、矩形和弧（包括椭圆和圆），以及绘制文本。本节将介绍如何在小程序中绘制这些基本的图形。

要想在小程序中绘制图形，需要借助画布组件<canvas>。绘制图形的步骤如下。

第 1 步：在 wxml 文件中放置一个<canvas>组件，并设置组件的 canvas-id 属性。

第 2 步：调用 wx.createCanvasContext 方法创建画布上下文，该方法的参数值就是<canvas>组件的 canvas-id 属性值。

第 3 步：调用画布上下文对象中的相应方法绘制图形。

下面的布局代码放置了一个<canvas>组件和一个<button>组件，<canvas>组件的 canvas-id 属性值是 canvas。单击按钮后，会在画布上绘制直线、矩形、圆和文本。

```
<view style="margin:20px">
  <view style="justify-content:center;display:flex">
    <canvas style="width:100%;height:200px;" canvas-id="canvas"></canvas>
  </view>
  <button style="margin-top:20px" bindtap="draw">绘制基本图形</button>
</view>
```

绘制图形的完整 JavaScript 代码如下：

```
Page({
  onReady: function () {
    // 创建画布上下文
    this.context = wx.createCanvasContext('canvas')
  },
  draw: function () {
    this.context.moveTo(10, 10)
    // 绘制直线
    this.context.lineTo(100, 10)
    this.context.setFillStyle('red')
    // 绘制矩形
    this.context.rect(10, 30, 150, 75)

    this.context.moveTo(350, 75)
    // 绘制圆，其中 300 和 75 是圆心坐标，50 是圆的半径，0 是起始角度，
    // 2 * Math.PI 是结束角度，正好是一周，所以绘制一个圆
    this.context.arc(300, 75, 50, 0, 2 * Math.PI)
    this.context.fill()
    // 设置文字颜色
    this.context.setFillStyle('blue')
    // 设置文字字号
    this.context.setFontSize(20)
    // 绘制文字
    this.context.fillText('极客起源', 20, 160)
```

```
      //  绘制文字
      this.context.fillText('http://geekori.cn', 150, 160)
      //  绘出当前路径的边框
      this.context.stroke()
      //  开始绘制图形
      this.context.draw()
    }
  }
)
```

单击“绘制基本图形”按钮，会在 Canvas 上绘制如图 14-11 所示的图形。

▲图 14-11　绘制基本图形

14.4.2　绘制二次方贝塞尔曲线

贝塞尔曲线的基本原理就是指定几个点，然后通过一些复杂的公式绘制出各种曲线。贝塞尔曲线的应用很广，例如汽车的流线型车身就是利用贝塞尔曲线设计的。

贝塞尔曲线也分很多种，最简单的就是通过 3 个点绘制一条贝塞尔曲线（称为二次方贝塞尔曲线）。读者并不需要了解复杂的贝塞尔曲线公式，只需要指定 3 个点的位置即可。小程序 API 已经封装了贝塞尔曲线的算法，只需要直接调用相应的 API 极客绘制贝塞尔曲线。

绘制二次方贝塞尔曲线的方法是 quadraticCurveTo，该方法有 4 个参数，分别用来指定两个点的 x 和 y 坐标值。实际上，这两个点是后两个点，开始绘制曲线时的当前点将作为二次方贝塞尔曲线的第一个点。

为了更容易理解贝塞尔曲线的绘制过程，下面的代码不仅绘制了二次方贝塞尔曲线，还同时绘制了这 3 个点的位置。

```
drawQuadraticCurveTo: function () {


    // 绘制第一个点（红色）
    this.context.beginPath()
    this.context.arc(20, 20, 2, 0, 2 * Math.PI)
    this.context.setFillStyle('red')
    this.context.fill()
    //  绘制第二个点（绿色）
    this.context.beginPath()
    this.context.arc(200, 20, 2, 0, 2 * Math.PI)
```

```
    this.context.setFillStyle('green')
    this.context.fill()
    //  绘制第三个点（蓝色）
    this.context.beginPath()
    this.context.arc(20, 100, 2, 0, 2 * Math.PI)
    this.context.setFillStyle('blue')
    this.context.fill()
    //  设置绘制的直线和曲线颜色是黑色
    this.context.setFillStyle('black')


    // 绘制辅助线
    this.context.beginPath()
    this.context.moveTo(20, 20)
    this.context.lineTo(20, 100)
    this.context.lineTo(200, 20)
    this.context.setStrokeStyle('#AAAAAA')
    this.context.stroke()

    // 绘制二次方贝塞尔曲线
    this.context.beginPath()
    this.context.moveTo(20, 20)
    this.context.quadraticCurveTo(20, 100, 200, 20)
    this.context.setStrokeStyle('black')
    this.context.stroke()
    this.context.draw()
  },
```

运行这段代码，会在页面绘制如图 14-12 所示的贝塞尔曲线。

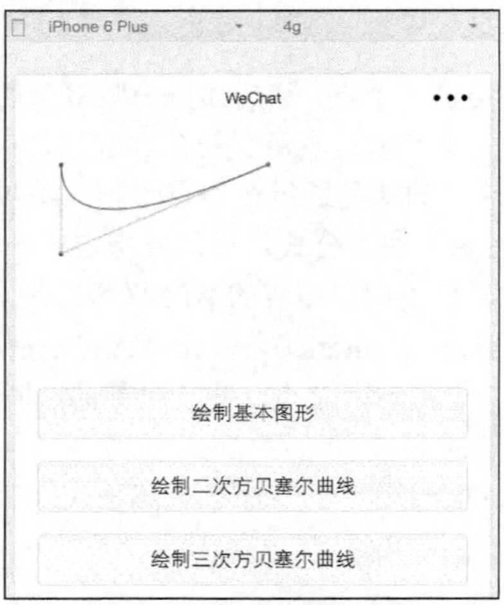

▲图 14-12　二次方贝塞尔曲线

14.4.3　绘制三次方贝塞尔曲线

三次方贝塞尔曲线和二次方贝塞尔曲线的区别就是三次方贝塞尔曲线需要指定 4 个点。小程序中使用 bezierCurveTo 方法绘制三次方贝塞尔曲线，该方法的 6 个参数分别用来指定后 3 个点的 x 和 y 坐标值，起始位置是第一个点。

下面的代码绘制了一条三次方贝塞尔曲线。

```
drawBezierCurveTo: function () {
   //  绘制第一个点（红色）
   this.context.beginPath()
   this.context.arc(20, 20, 2, 0, 2 * Math.PI)
   this.context.setFillStyle('red')
   this.context.fill()
   //  绘制第二个点（绿色）
   this.context.beginPath()
   this.context.arc(200, 20, 2, 0, 2 * Math.PI)
   this.context.setFillStyle('green')
   this.context.fill()
   //  绘制第三个和第四个点（蓝色）
   this.context.beginPath()
   this.context.arc(20, 100, 2, 0, 2 * Math.PI)
   this.context.arc(200, 100, 2, 0, 2 * Math.PI)
   this.context.setFillStyle('blue')
   this.context.fill()

   this.context.setFillStyle('black')


   // 绘制辅助线
   this.context.beginPath()
   this.context.moveTo(20, 20)
   this.context.lineTo(20, 100)
   this.context.lineTo(150, 75)

   this.context.moveTo(200, 20)
   this.context.lineTo(200, 100)
   this.context.lineTo(70, 75)
   this.context.setStrokeStyle('#AAAAAA')
   this.context.stroke()

   // 开始绘制三次方贝塞尔曲线
   this.context.beginPath()
   this.context.moveTo(20, 20)
   this.context.bezierCurveTo(20, 100, 200, 100, 200, 20)
   this.context.setStrokeStyle('black')
   this.context.stroke()

   this.context.draw()
  }
```

执行这段代码后，会在页面上绘制如图 14-13 所示的三次方贝塞尔曲线。

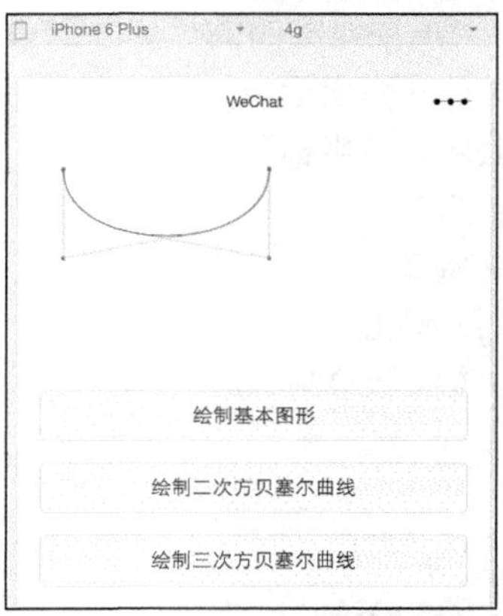

▲图 14-13　三次方贝塞尔曲线

14.4.4　阴影效果

使用 setShadow 方法可以设置阴影效果，该方法参数的描述如下。

- offsetX：Number 类型，阴影相对于形状在水平方向的偏移量。
- offsetY：Number 类型，阴影相对于形状在竖直方向的偏移量。
- blur：Number　类型，取值范围是 0～100，表示阴影的模糊级别，数值越大越模糊。
- color：Color 类型，阴影的颜色。

下面的代码在红色矩形下方绘制了一个蓝色阴影。

```
drawShallow: function () {
   this.context.setFillStyle('red')
   this.context.setShadow(10, 50, 50, 'blue')
   this.context.fillRect(10, 10, 150, 75)
   this.context.draw()
}
```

执行这段代码，会在画布上绘制如图 14-14 所示的阴影效果。

▲图 14-14　阴影效果

14.4.5　绘制图像

使用 drawImage 方法可以将一个图像绘制到画布上。该方法参数的描述如下。

- imageResource：String 类型，所要绘制的图片资源。
- x：Number 类型，图像左上角的横坐标。
- y：Number 类型，图像左上角的纵坐标。
- width：Number 类型，图像宽度。
- height：Number 类型，图像高度。

下面的代码使用 wx.chooseImage 弹出一个图像文件选择框（在手机上会出现相应的图像选择方式），然后使用 drawImage 方法将该图像绘制到画布上。

```
drawImage: function () {
   var that = this;
   wx.chooseImage({
     success: function (res) {
       that.context.drawImage(res.tempFilePaths[0], 0, 0, 150, 100)
       that.context.draw()
```

```
        }
    })
}
```

14.4.6 图形的缩放

调用 scale 方法后，之后绘制的图形的横纵坐标以及宽高都会被缩放。多次调用 scale 方法，倍数会相乘。scale 方法的两个参数的描述如下。

- scaleWidth：Number 类型，横坐标缩放的倍数（1 = 100%，0.5 = 50%，2 = 200%）。
- scaleHeight：Number 类型，纵坐标轴缩放的倍数（1 = 100%，0.5 = 50%，2 = 200%）。

下面的代码绘制了 4 个矩形，每一次绘制都放大了比例。

```
drawScale: function () {
   this.context.strokeRect(10, 10, 25, 15)
   this.context.scale(2, 2)
   this.context.strokeRect(10, 10, 25, 15)
   this.context.scale(2, 2)
   this.context.strokeRect(10, 10, 25, 15)
   this.context.scale(2, 1.2)
   this.context.strokeRect(10, 10, 25, 15)
   this.context.draw()
}
```

执行这段代码，会在画布上绘制如图 14-15 所示的图形。

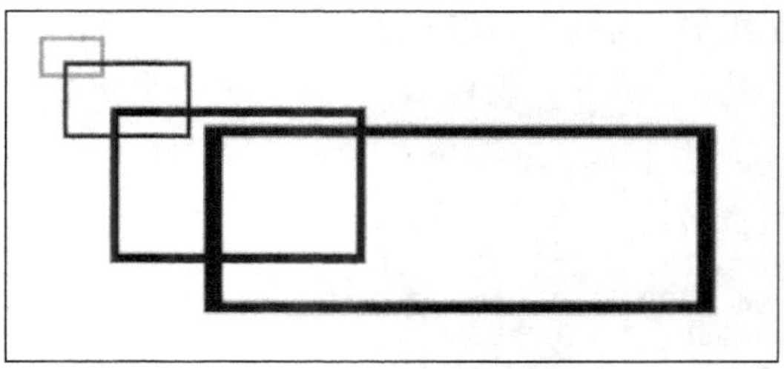

▲图 14-15 缩放绘制的图形

14.4.7 图形的旋转

调用 rotate 方法，以原点为中心，顺时针旋转当前坐标轴。多次调用 rotate，旋转的角度会叠加。rotate 方法只有一个 rotate 参数，表示旋转角度，以弧度计（degrees * Math.PI/180；degrees 范围为 0～360）。

下面的代码绘制了 3 个矩形，并且旋转了后两个矩形的角度。

```
drawRotate: function () {
   this.context.strokeRect(100, 10, 150, 100)
   this.context.rotate(20 * Math.PI / 180)
   this.context.strokeRect(100, 10, 150, 100)
   this.context.rotate(20 * Math.PI / 180)
   this.context.strokeRect(100, 10, 150, 100)
   this.context.draw()
}
```

执行这段代码后，会在画布上绘制如图 14-16 所示的图形。

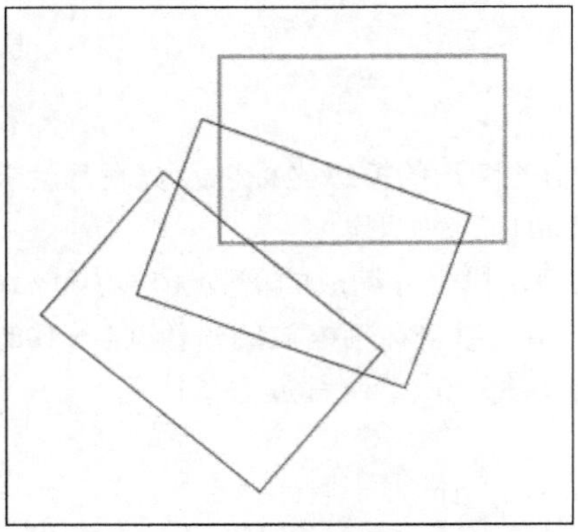

▲图 14-16　旋转图形

14.4.8　改变坐标原点

调用 translate 方法对当前坐标系的原点（0, 0）进行变换，默认的坐标系原点为页面左上角。translate 方法有两个参数，描述如下。

- x：Number 类型，水平坐标平移量。
- y：Number 类型，竖直坐标平移量。

下面的代码绘制了 3 个矩形，后两个矩形改变了坐标原点，尽管左上角坐标都一样，但由于后两个矩形的坐标原点已经不是左上角了，所以这 3 个矩形并不会重合。

```
drawTranslate: function () {
    this.context.strokeRect(10, 10, 150, 100)
    this.context.translate(20, 20)
    this.context.strokeRect(10, 10, 150, 100)
    this.context.translate(20, 20)
    this.context.strokeRect(10, 10, 150, 100)
    this.context.draw()
}
```

执行这段代码，会在画布上绘制如图 14-17 所示的图形。

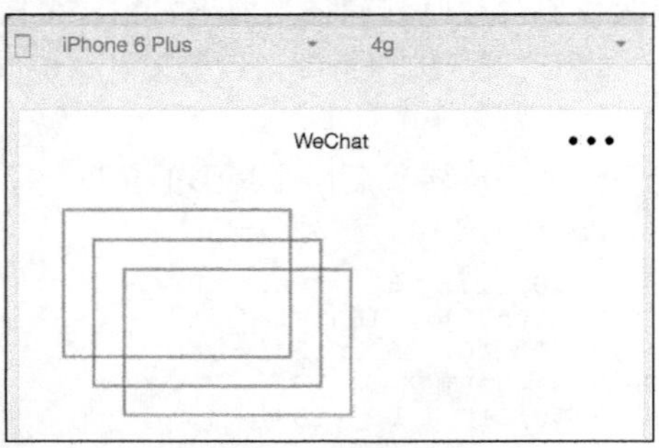

▲图 14-17　改变坐标原点

14.4.9 渐变

小程序支持两种渐变效果：线性渐变和圆形渐变。使用 createLinearGradient 方法可以创建线性渐变对象，使用 createCircularGradient 方法可以创建圆形渐变对象。

下面的代码使用 createLinearGradient 方法创建了一个线性渐变对象，并调用了相应的方法绘制了一个水平渐变的矩形。

```
drawGradient: function () {
    const gradient1 = this.context.createLinearGradient(0, 0, 200, 0)
    //  开始颜色
    gradient1.addColorStop(0, 'red')
    //  结束颜色
    gradient1.addColorStop(1, 'white')

    // 用渐变方式填充矩形
    this.context.setFillStyle(gradient1)
    //  绘制矩形
    this.context.fillRect(10, 10, 150, 80)
    this.context.draw()
  }
```

执行这段代码，会在画布上绘制如图 14-18 所示的水平渐变的矩形。

▲图 14-18　水平渐变

下面的代码使用 createCircularGradient 方法创建了一个圆形渐变对象，并调用了相应的方法绘制了一个圆形渐变效果。

```
drawGradient: function () {
    const gradient2 = this.context.createCircularGradient(75, 70, 50)
    gradient2.addColorStop(0, 'red')
    gradient2.addColorStop(1, 'white')

    // 开始绘制渐变效果
    this.context.setFillStyle(gradient2)
    this.context.fillRect(10, 10, 150, 150)
    this.context.draw()
  }
```

执行这段代码，会在画布上绘制如图 14-19 所示的渐变效果。

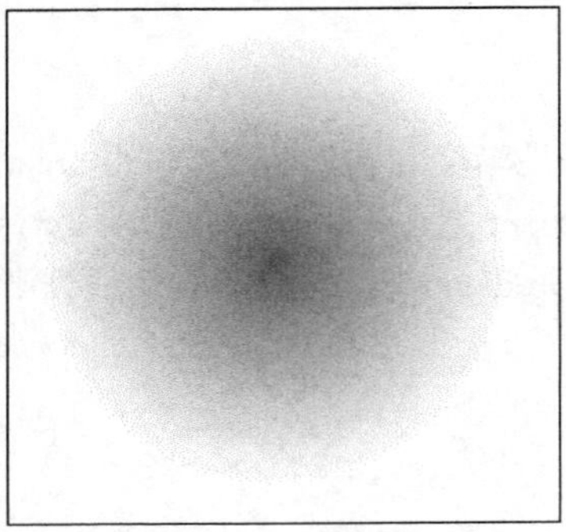

▲图 14-19　圆形渐变效果

14.5 下拉刷新

小程序支持页面下拉刷新操作，但默认是禁用的，需要在 app.json 文件中的 window 部分设置 enablePullDownRefresh 属性为 true，设置代码如下：

```
"window":{
    "backgroundTextStyle":"light",
    "navigationBarBackgroundColor": "#fff",
    "navigationBarTitleText": "WeChat",
    "navigationBarTextStyle":"black",
    "enablePullDownRefresh":"true"
  }
```

通过 onPullDownRefresh 方法可以拦截向下刷新操作，以便可以在这个下拉刷新时处理任务，但处理完后，需要调用 wx.stopPullDownRefresh 方法停止刷新，以便恢复到原状，代码如下：

```
Page({
  onPullDownRefresh: function(){
    console.log('PullDown')
    wx.stopPullDownRefresh()
  }
})
```

14.6 小结

本章深入介绍了小程序中与界面相关的 API，尽管这些 API 在程序中并不一定都被用到，但至少在编写小程序时会多了一种选择，希望本章的内容对广大读者有一定的借鉴作用。

第 15 章　开放接口

为了充分利用微信本身的功能，小程序提供了若干开放接口，用来调用微信的一些功能。很多开放接口与微信公众号的开放接口类似，因为小程序和微信公众号都使用 JavaScript 开发，所以开放接口也类似。

本章要点

- 微信登录原理和实战
- 获取用户信息
- 微信支付
- 分享

15.1 微信登录

本节主要介绍与微信登录有关的 API，其实这些 API 很多时候都是在一起使用的，例如 wx.login、wx.checkSession 等。读者通过本节的学习，可以了解这些 API 何时可以单独使用，何时需要在一起使用。

15.1.1 获取 SessionKey

小程序嵌入到微信中的一个好处是可以利用微信的登录机制来登录小程序，也就是说，小程序和微信可以共用一套用户验证机制。

使用 wx.login 方法可以通过腾讯的服务器进行登录，并返回一个请求码（Request Code），但这只是登录的第一步。当返回请求码后，需要访问 https://api.weixin.qq.com 域名下的某个 Url 进一步获取 session_key 和 openid。其中，session_key 是对数据进行加密签名的密钥，openid 是对当前用户的唯一标识。在这一过程会带来如下两个问题。

- 在小程序后台管理中设置的 request 域名是我们自己的，如 https://geekori.com，因此，在小程序客户端是不能用 wx.request 方法访问 https://api.weixin.qq.com 域名下的 Url 的。
- 由于 session_key 是用于加密的秘钥，所以 session_key 最好不要保存到客户端（小程序端）。

基于这两点很容易想到，获取 session_key 和 openid 的任务并不属于小程序，而是属于服务端的任务。小程序登录的基本步骤如下。

第 1 步：小程序使用 wx.login 方法获取 Request Code。

第 2 步：小程序通过 wx.request 方法请求第三方服务器登录 Url（这个 Url 包含的域名需要在 request 域名中设置），请求的 Url 需要带 Request Code。

第 3 步：第三方服务器程序获得这个 Request Code 后，与小程序的 AppID、SECRET 组合形成一个 Url，该 Url 指向微信服务器，通过这个 Url 从微信服务器获取 session_key 和 openid。

第 4 步：第三方服务器程序需要自己产生一个 session_id（最好位数长一些），并用这个 session_id 作为 key，session_key 和 openid 作为 value，保存在第三方服务器的 Session 中。最好设置一个比较短的过期时间，因为 wx.request 通常只是为了获得某些与微信相关的数据，获取完后就不需要 session_key 和 openid 了，因此并不需要永久登录。

第 5 步：将第三方服务器产生的 session_id 返回给小程序客户端（最好不要将 session_key 和 openid 返回给小程序客户端），并将这个 session_id 保存到小程序的 storage 中。

第 6 步：每次使用 wx.request 方式时需要带上这个 session_id，以便在第三方服务器的 Session 中找到 session_key 和 openid。

第 3 步中提到的微信服务器的 Url 的格式如下：

https://api.weixin.qq.com/sns/jscode2session?appid=APPID&secret=SECRET&js_code=JSCODE&grant_type=authorization_code

这个 Url 需要替换如下 3 个值：

- APPID：小程序的 ID。
- SECRET：在小程序 ID 的下方的密码字符串，默认是隐藏的，单击右侧的"重置"链接，会得到 SECRET 字符串，在操作的过程中会要求用管理员微信扫描二维码。
- JSCODE：就是在小程序客户端通过 wx.login 方法获取的 Request Code。

这个 Url 会返回如下内容。

正常返回的 JSON 数据包：

```
{
      "openid": "OPENID",
      "session_key": "SESSIONKEY"
}
```

错误时返回 JSON 数据包（示例为 Code 无效）：

```
{
    "errcode": 40029,
    "errmsg": "invalid code"
}
```

读者也可以在浏览器地址栏中输入完整的 Url，如果成功，也会获得相应的返回值。

为了便于了解整个登录过程，本节提供了登录过程的时序图，如图 15-1 所示。

调用 wx.login 方法获取 Request Code 的代码如下：

```
wx.login({
   success: function(res) {
     if (res.code) {
       //向第三方服务器发起网络请求，以便获取 session_key 和 openid
```

```
        console.log("获取用户代码成功: " + res.code);
      } else {
        console.log('获取用户登录态失败！' + res.errMsg)
      }
    }
  });
```

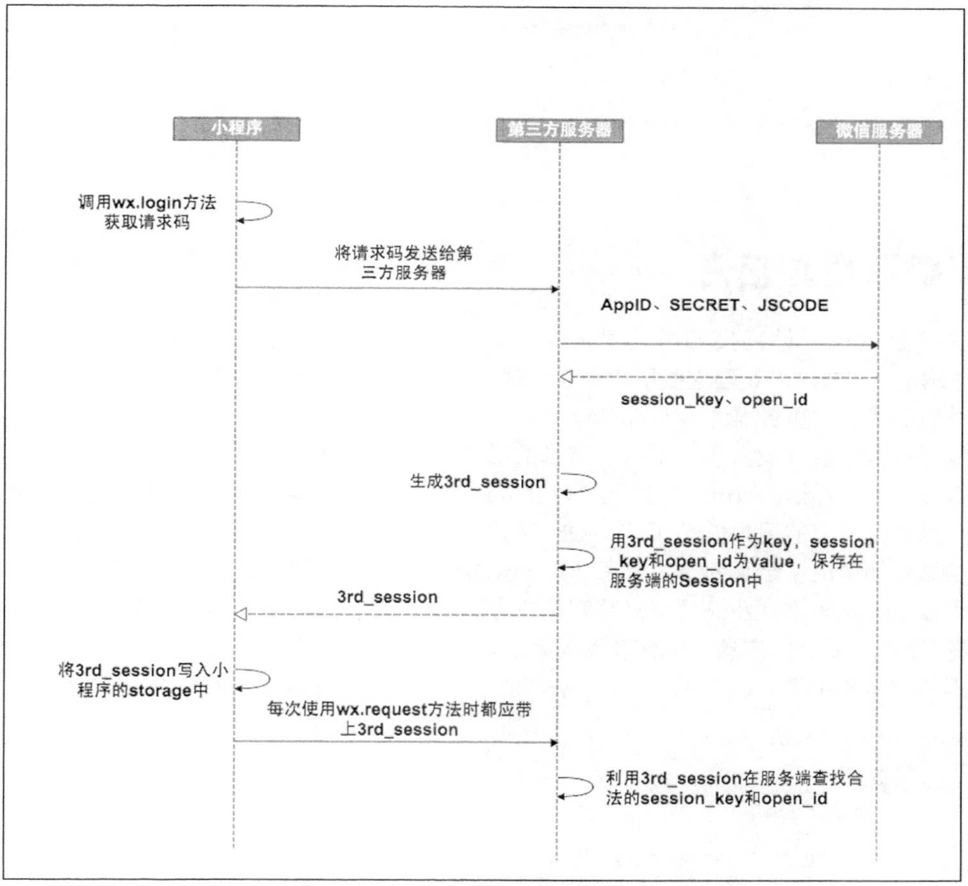

▲图 15-1　小程序登录过程的时序图

15.1.2　校验登录是否过期

每次使用 Request Code 之前，通常会调用 wx.checkSession 方法校验这个 Request Code 是否过期，如果已经过期，需要重新调用 wx.login 方法获取新的 Request Code。校验登录是否过期的完整代码如下：

```
onClickCheckSession: function () {
  wx.checkSession({
    success: function () {
      console.log('Session 未过期');
    },
```

```
      fail: function () {
        //登录态过期
        console.log('Session 已经过期');
        wx.login({
          success: function (res) {
            if (res.code) {
              //发起网络请求
              console.log("获取用户代码成功: " + res.code);
            } else {
              console.log('获取用户登录态失败! ' + res.errMsg)
            }
          }
        })
      }
    })
  }
```

15.2 获取用户信息

用微信登录后，最直接的用处就是获得微信登录用户的信息，如用户名、头像等。通过 wx.getUserInfo 方法可以获取这些用户信息。调用 wx.getUserInfo 方法之前，需要先调用 wx.login 方法，并返回第三方服务器的 session_id。

可能很多读者会有疑问，在 15.1.1 节讲的用于解密的 session_key 在什么地方使用呢？难道在小程序直接调用 wx.getUserInfo 方法就可以获取用户信息吗？实际上，直接调用 wx.getUserInfo 方法确实可以返回所有的用户信息（以 JSON 对象形式返回），不过有一部分信息是明文的，另一部分敏感信息是加密的。至于明文的信息（在 rawData 属性中），直接读取即可。对于加密的信息，需要使用 wx.request 方法将这些信息传回第三方服务器，使用 session_key 解密后，再传回小程序（如果小程序不需要这些信息，就直接放到第三方服务器，不用传给小程序了）。

下面的代码使用了 wx.getUserInfo 方法获取了用户信息，并输出了原始的 JSON 字符串。

```
onClickGetUserInfo: function () {
  wx.login({
    success: function (res) {
      if (res.code) {
        wx.getUserInfo({
          success: function (res) {
           console.log(res);
          //   需要将加密的字符串用 wx.request 方法传回第三方服务器，解密后
          //   再传回小程序
          }
        })
      } else {
        console.log('获取用户登录态失败! ' + res.errMsg)
      }
    }
  });
}
```

执行这段代码后，会在 Console 中输出如图 15-2 所示的信息。

▲图 15-2 输出的用户信息

关于第三方服务器如何解密的问题，微信官方已经提供了多种服务端技术的解密 Demo（例如 Node.js、PHP 等），下面就是一段 PHP 的解密代码。

```
<?php
include_once "wxBizDataCrypt.php";

$appid = 'wx4f4bc4dec97d474b';
$sessionKey = 'tiihtNczf5v6AKRyjwEUhQ==';

$encryptedData=" 此处是小程序传过来的加密字符串";

$iv = 'r7BXXKkLb8qrSNn05n0qiA==';
//  微信官方提供的用于解密的 PHP 函数，可直接调用
$pc = new WXBizDataCrypt($appid, $sessionKey);
//  开始解密，其中$data 是解密后的数据
$errCode = $pc->decryptData($encryptedData, $iv, $data );

if ($errCode == 0) {
    print($data . "\n");
} else {
    print($errCode . "\n");
}
```

15.3 微信支付

如果小程序中有内部付费项目，那么支付是必不可少的。在小程序中，可以直接调用 wx.requestPayment 方法发起微信支付请求，这个方法需要设置若干个属性，都是用来完成支付的。这些属性的描述如下。

- timeStamp：String 类型，必选，时间戳，从 1970 年 1 月 1 日 00:00:00 至今的秒数，即当前的时间。
- nonceStr：String 类型，必选，随机字符串，长度为 32 个字符以下。
- package：String 类型，必选，统一下单接口返回的 prepay_id 参数值，提交格式如 prepay_id=*。

- ❑ signType：String 类型，必选，签名算法，目前只支持 MD5。
- ❑ paySign：String 类型，必选，签名，具体签名方案参见微信公众号支付帮助文档。
- ❑ success：Function 类型，可选，接口调用成功的回调函数。
- ❑ fail：Function 类型，可选，接口调用失败的回调函数。
- ❑ complete：Function 类型，可选，接口调用结束的回调函数（调用成功、失败都会执行）。

我们可以看到，除了后 3 个属性外，其他所有的属性都是必须指定的，其中 package 最为重要，这个属性用来指定订单的 id，这个 id 和 money 有关，所以非常重要。如果只想简单测试 wx.requestPayment 方法，可以使用下面的代码。

```
onClickRequestPayment: function () {
   wx.requestPayment({
     'timeStamp': '',
     'nonceStr': '',
     'package': '',
     'signType': 'MD5',
     'paySign': '',
     'success': function (res) {
     },
     'fail': function (res) {
     }
   })
}
```

如果在模拟器上执行这段代码后，会弹出一个如图 15-3 所示的二维码。

其实这只是一个模拟，用微信扫描这个二维码是无法成功支付的。如果在真机上测试这段代码，会显示 package 未指定错误。

▲图 15-3　扫描二维码支付

使用小程序或微信公众号支付的技术实现比较复杂，首先需要申请小程序或公众号的企业认证，并且需要交纳 300 元/年的认证费，才可以申请支付权限。

下面先介绍小程序发起支付申请的步骤。

第 1 步：统一下单。

第 2 步：通过 appId、nonceStr、package、signType 和 timeStamp 这 5 个字段进行数据签名。

第 3 步：使用 wx.requestPayment 方法发起支付请求。

从这 3 步可以看出，调用 wx.requestPayment 实际上是最后一步，而前两步都是在服务端完成的。基本的流程是在第三方服务器上提供一个 Url，用于 wx.request 方法调用，这个 Url 在服务端会通过 https://api.mch.weixin.qq.com/pay/unifiedorder 下单，这个 Url 需要传递大量的信息，例如，小程序 ID、商户号、金额等，需要传递的详细信息请参阅下面的页面。

https://pay.weixin.qq.com/wiki/doc/api/wxa/wxa_api.php?chapter=9_1

如果成功下单，会返回 package，然后再将 package 传回小程序，最后调用 wx.requestPayment 发起支付请求，如果发起支付请求成功，会直接开启微信的支付功能，要求输入支付密码，如果密码输入正确，会支付成功。

15.4 分享

小程序允许将某一个页面分享给微信好友，或发到某个微信群里，单击分享链接的用户可直接进入分享的页面。

在小程序的页面右上角有一个省略号按钮，单击后，会弹出一个 ActionSheet，默认是没有“分享”菜单项的，需要在 Page 中添加 onShareAppMessage 方法，代码如下：

```
Page({
  onShareAppMessage: function () {
    return {
      title: '自定义分享标题',
      path: '/pages/index/index'
    }
  }
})
```

onShareAppMessage 方法需要返回一个对象，其中，title 属性指定了分享窗口的标题，path 属性指定了要分享的页面，必须是绝对路径（以斜杠开头的路径）。

加入 onShareAppMessage 方法后，单击页面右上角的省略号按钮，会弹出如图 15-4 所示的 ActionSheet，在其中有一个“分享”菜单项。

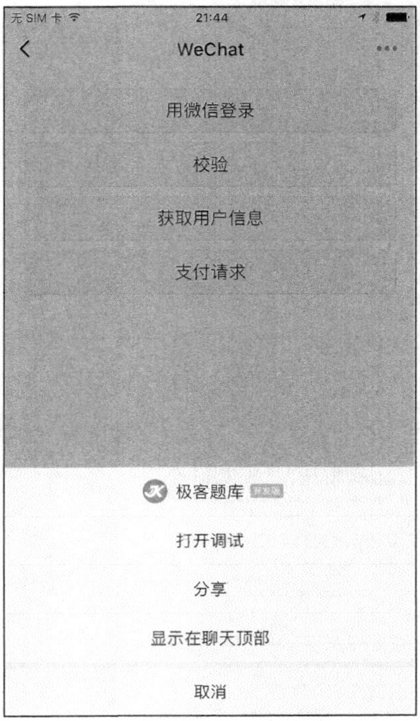

▲图 15-4　分享菜单

单击“分享”菜单项，会进入微信朋友列表窗口，选择一个朋友或微信群，会弹出如图 15-5 所示的分享窗口。

单击“发送”按钮，会将 path 属性指定的小程序页面分享给朋友。你的朋友在自己的微信中就会看到如图 15-6 所示的分享信息。单击该链接，就可以进入分享的小程序页面了。

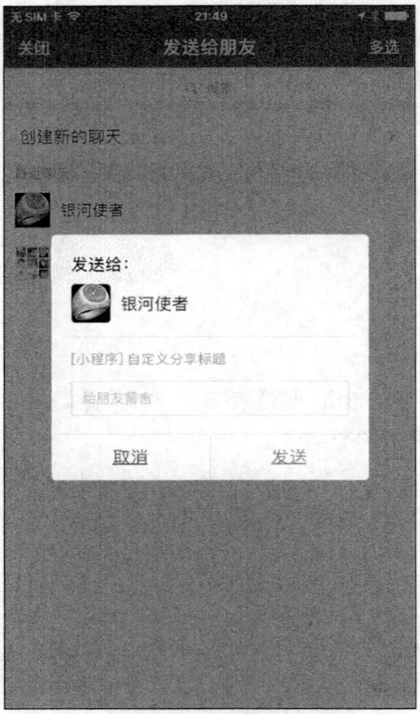

▲图 15-5　分享窗口

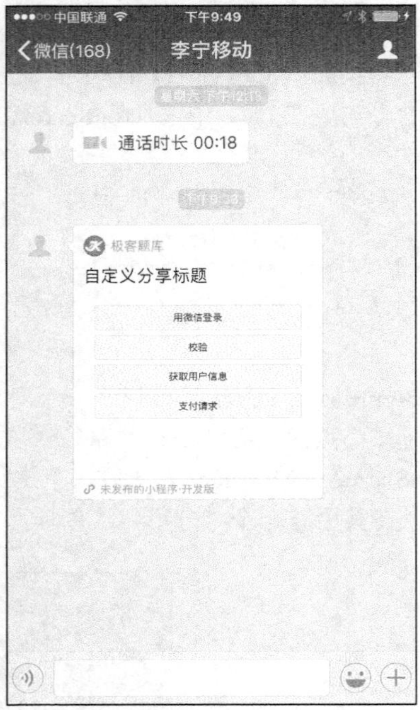

▲图 15-6　小程序分享结果

15.5 小结

如果小程序需要利用微信本身的功能，就必须使用本章介绍的开放接口，如登录、微信支付等。这里比较复杂的是微信支付，这个功能开发和测试都比较复杂，需要客户端和服务端配合，还需要自己的 HTTPS 服务器。如果读者以前开发过微信公众号的支付功能，理解小程序的支付是非常容易的，因为两者几乎是一样的，都是调用了同样的 API，只是在客户端的实现上略有不同。

第 16 章　徽章（Badge）

WeUI 是微信团队设计的一套基础样式库，这套样式库以原生组件为基础，添加了大量的 CSS，形成了一套统一风格的样式库，可以在小程序中直接使用，读者可以到如下的地址下载基础样式库的源代码。

https://github.com/weui/weui-wxss

本章以及后面的几章会选一些典型的样式进行讲解，包括效果展示，以及如何在自己的小程序中使用这些样式。

这些基础样式主要由 3 部分组成：wxml（布局文件）、js（JavaScript 代码）和 wxss（样式代码）。其中，js 可能没有部分样式，但 wxml 和 wxss 是必须的。而且 wxss 微信官方已经为我们写好了，在 WeUI 源代码的 style 目录中，读者可以将 style 目录复制到自己的小程序目录中，并在 app.wxss 文件的开始部分加上如下的代码。

```
@import 'style/weui.wxss';
```

本章要点

- ❑ 新消息徽章
- ❑ 数字徽章

16.1 新消息徽章

Badge 实际上就是在图标或文字上方或右侧显示的数字或其他表示，通常为红色。表示是否有新消息，或有未读消息。例如，图 16-1 所示的“电话”图标右上角显示 1，表示有一个未接电话。

▲图 16-1　未接电话

实际上，这种效果使用 CSS 是非常容易实现的，由于小程序也是用 CSS 来展现页面的，所以在小程序中也很容易实现这种效果。

Badge 的种类有很多，例如本节实现的效果就可以表示有新消息，效果如图 16-2 所示。

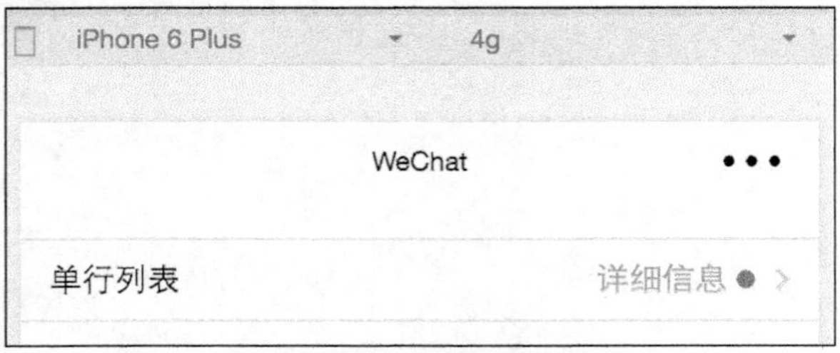

▲图 16-2　新消息徽章效果

我们可以看到，在“详细信息”后面有一个红点，表示有新消息，红点右侧有一个向右的箭头，表示点进去会进入其他页面。实现这一效果的布局代码如下：

```
<view class="weui-cells">
  <view class="weui-cell weui-cell access">
    <view class="weui-cell__bd">单行列表</view>
    <view class="weui-cell__ft weui-cell__ft_in-access" style="font-size: 0">
      <view style="display: inline-block;vertical-align:middle; font-size: 17px;">详细信息</view>
      <view class="weui-badge weui-badge_dot" style="margin-left: 5px;margin-right: 5px;"></view>
    </view>
  </view>
</view>
```

这段布局代码使用了大量的样式，这些样式都是在 WeUI 中预定义的，读者可以直接使用。这些样式都在 style 目录中的 weui.wxss 文件以及该目录中其他的样式文件中。其中，weui-badge 和 weui-badge_dot 样式和红点有关。这两个样式的代码如下：

```
.weui-badge {
   display: inline-block;
   padding: .15em .4em;
   min-width: 8px;
   border-radius: 18px;
   background-color: #E64340;
   color: #FFFFFF;
   line-height: 1.2;
   text-align: center;
   font-size: 12px;
   vertical-align: middle;
 }
 .weui-badge_dot {
   padding: .4em;
   min-width: 0;
 }
```

其中，weui-badge 样式中的 background-color 用于设置红点的颜色（#E64340），从颜色值可以看出，红点并不是纯红色。如果要控制红点的显示和隐藏，可以在 style 中加入 visibility: {{visibility}}，其中，visibility 变量的值是 hidden 和 visible。

```
<view class="weui-badge weui-badge_dot" style="margin-left: 5px;margin-right: 5px;visibility: {{visibility}}"></view>
```

然后在 index.js 文件中加入如下的代码：

```
var app = getApp()
Page({
  data: {
    visibility:'hidden'
  },
  //  控制红点的显示和隐藏
  onClick_ControlDot: function() {
    if(this.data.visibility == 'hidden')
    {
      this.setData(
        {
          visibility:'visible'
        }
      )
    }
    else
    {
        this.setData(
        {
          visibility:'hidden'
        }
      )
    }
  }
})
```

在红点的后面是一个向右的箭头，这个箭头并不是用<view>或其他组件加上的，而是直接在 weui-cell__ft_in-access:after 样式中处理的，:after 是 CSS3 的选择器，如果是 CSS2，前面是两个冒号（::after），表示在当前使用该样式的标签后面插入样式。如果小程序中的<view>使用了:after 选择器，就会在<view>后面插入相应的样式。由于这个<view>包含了“详细信息”和红点，所以右箭头会添加在红点后面。

weui-cell__ft_in-access:after 样式的代码如下：

```
.weui-cell__ft_in-access:after {
  content: " ";
  display: inline-block;
  height: 6px;
  width: 6px;
  border-width: 2px 2px 0 0;
  border-color: #C8C8CD;
  border-style: solid;
  -webkit-transform: matrix(0.71, 0.71, -0.71, 0.71, 0, 0);
  position: relative;
  top: -2px;
  position: absolute;
  top: 50%;
  margin-top: -4px;
  right: 2px;
}
```

从这段样式代码可以看出，实际上右箭头就是通过 border-width 设置的边框（矩形只有相邻的两个边有边框），然后通过-webkit-transform: matrix 矩阵变换旋转 45 度。

可能读者看到这些内容会感觉难以理解，这是因为这些代码代理涉及到了 CSS3 的知识。因此，要想开发出更酷的小程序，还需要对 CSS3 有较深入的了解。由于 CSS3 的相关知识并不在本书的范围内，所以本书只给出了部分 CSS3 的代码，并做了简单的讲解。如果读者要想了解更多的 CSS3 的知识，请阅读相关文章或书籍。

16.2 图标右上角显示数字徽章

在图 16-1 中，电话图标右上角的数字其实就是数字徽章，通常用来表示未接电话数或未查看消息数。本节将利用 CSS 实现如图 16-3 所示的效果，这个效果可以称为数字徽章。

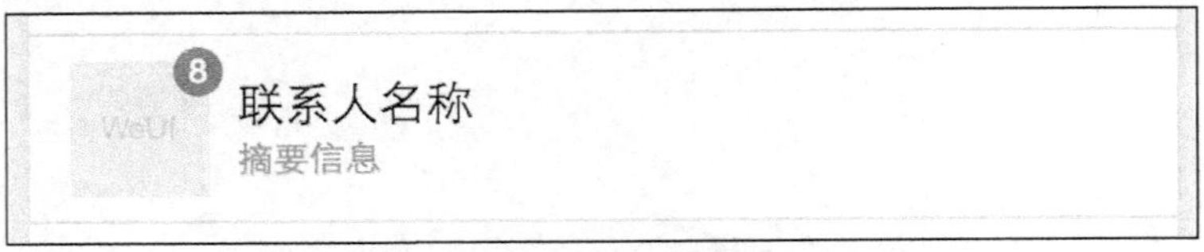

▲图 16-3　图标右上角显示数字徽章

其中，WeUI 中已经设置好了样式，我们只需要直接使用即可。例如，下面的布局代码会实现图 16-3 所示的数字徽章效果。

```
<view class="weui-cells">
  <view class="weui-cell ">
    <view class="weui-cell__hd" style="position: relative;margin-right: 10px;">
      <image src="../images/pic_160.png" style="width: 50px; height: 50px; display: block" />
      <view class="weui-badge" style="position: absolute;top: -.4em;right: -.4em;">8</view>
    </view>
    <view class="weui-cell__bd">
      <view>联系人名称</view>
      <view style="font-size: 13px;color: #888888;">摘要信息</view>
    </view>
  </view>
</view>
```

通常图像右上角的数字以及右侧的文本是需要修改的，尤其右上角的数字经常需要改变，所以可以将相应的位置替换成变量的形式，当然，更好的方式还可以像下一节介绍的一样，将布局代码改成模板，并放到单独的 wxml 文件中，需要时只需要 import 一下即可。

16.3 将数字徽章改成模板

在前面章节讲了模板（Template）的应用，所谓模板，就是将样式代码封装起来，并提供参数，以便在不同的位置可以多次调用，这样有效地避免了布局代码的冗余。其实，上一节介绍了数字徽章效果也可以封装在模板中，以便在其他地方多次调用。

如果要将某一段布局代码封装在模板中，首先要先确定这段布局代码需要什么样的参数。当然，可以根据我们的需要适当增加或减少参数。本例只设置了如下 5 个参数，以及对应的变量。

- ❑ 图像路径：imageSrc。
- ❑ 右上角的数字：number。
- ❑ 是否显示右侧的文字：showText。
- ❑ 大字体的文本：title。
- ❑ 小字体的文本：detail。

为了制作模板，还需要对这段布局代码做如下修改：

❑ 顶层的<view>标签带了上下两条直线，去掉这两条直线（去掉 class），改成用 style。其实就是将 weui.wxss 文件中的 weui-cells 样式复制到 style 中，这样可以去掉 weui-cells:before 和 weui-cells:after 对<view>标签的影响。这两个选择器在<view>标签上面和下面加了两条直线。

❑ 为图像加一个背景色（background-color:#DDDDDD），因为有的图像可能是透明背景的。

按要求修改完布局代码，将在相应的位置替换成前面给出的变量，模板的代码如下：

```
<template name="NumBadge">
  <view style="position: relative; margin-top: 1.17647059em;background-color: #FFFFFF;
line-height: 1.41176471;font-size: 17px;">
    <view class="weui-cell ">
      <view class="weui-cell__hd" style="position: relative;margin-right: 10px;
background-color:#DDDDDD">
        <image src="{{imageSrc}}" style="width: 100px; height: 100px; display: block" />
        <view class="weui-badge" style="position: absolute;top: -.4em;right: -.4em;">
{{number}}</view>
      </view>
      <view class="weui-cell__bd" style="visibility: {{showText}}">
        <view>{{title}}</view>
        <view style="font-size: 13px;color: #888888;">{{detail}}</view>
      </view>
    </view>
  </view>
</template>
```

现在将这段代码放到任何一个 wxml 文件中即可使用，也可以将该文件单独放到一个 wxml 文件中，例如 component.wxml，并使用下面的代码在使用这个模板的 wxml 文件（本例是 index.wxml）的开头引用 component.wxml。

```
<import src="component.wxml"/>
```

现在需要在 index.js 文件中 data 对象中设置如下 3 个变量，并设置相应的模板参数值，不熟悉模板参数传递的读者，请阅读 4.3 节的内容。

```
var app = getApp()
Page({
  data: {
    numBadge1: {
      imageSrc: '../images/p1.png',
      number: 24,
      showText: 'visible',
      title: '产品名称',
      detail:'产品详细信息'
    },
    numBadge2: {
      imageSrc: '../images/p2.png',
```

```
      number: 2,
      showText: 'hidden',
    },
    numBadge3: {
      imageSrc: '../images/p3.png',
      number: 'N',
      showText: 'visible',
      title: '2020-10-20',
      detail:'今天的详细情况'
    },
  }
})
```

现在切换到任何一个 index.wxml 文件，导入 component.wxml 后，可以使用下面的代码使用 NumBadge 模板。

```
<template is="NumBadge" data="{{...numBadge1}}" />
<template is="NumBadge" data="{{...numBadge2}}" />
<template is="NumBadge" data="{{...numBadge3}}" />
```

显示的效果如图 16-4 所示。

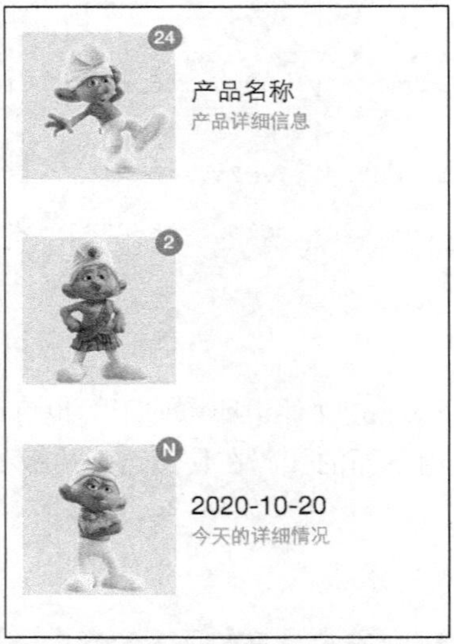

▲图 16-4　使用模板显示数字徽章的效果

16.4 文字右侧显示数字徽章

显示数字徽章还可以在其他位置，例如在文字的右侧，效果如图 16-5 所示。

▲图 16-5　文字右侧显示数字徽章的效果

实现这个效果的布局代码如下：

```
<view class="weui-cells">
  <view class="weui-cell weui-cell_access">
    <view class="weui-cell__bd">
      <view style="display: inline-block; vertical-align: middle">单行列表</view>
      <view class="weui-badge" style="margin-left: 5px;">8</view>
    </view>
    <view class="weui-cell__ft weui-cell__ft_in-access"></view>
  </view>
</view>
```

16.5 小结

本章深入介绍了 WeUI 中的徽章样式的实现方式，以及如何将这一样式使用到自己的小程序中。一般来讲，读者并不需要了解样式中 CSS 的代码，只要直接使用即可。不过要想成为高级小程序开发工程师，CSS 还是必须要掌握的，否则无法制作更酷的 UI。

第 17 章　基础组件

本章介绍了一些常用的组件，这些组件都在 WeUI 组件库中，读者可以直接将代码复制到自己的项目中使用。

本章要点

- ❑ 页脚
- ❑ 网格
- ❑ 装载动画
- ❑ 列表组件
- ❑ 单选列表项
- ❑ 复选列表项

17.1 页脚（footer）

页脚就是在页面的底端显示文本或链接，例如版权信息、单击进入某个页面等信息。下面的布局代码会在页面的最低端显示版权信息的页脚。

```
<view class="weui-footer weui-footer_fixed-bottom">
  <view class="weui-footer__text">Copyright © 2008-2016 weui.io</view>
</view>
```

其中，weui-footer_fixed-bottom 样式会将页脚放在页面底端，否则页脚会显示在页面顶端，显示的效果如图 17-1 所示。

如果要显示一个导航链接，可以使用<navigator>组件，在 url 属性指定导航页面路径即可，布局代码如下：

```
<view class="weui-footer weui-footer_fixed-bottom">
  <view class="weui-footer__links">
    <navigator url="" class="weui-footer__link">底部链接</navigator>
  </view>
  <view class="weui-footer__text">Copyright © 2008-2016 weui.io</view>
</view>
```

这段布局代码显示的效果如图 17-2 所示。

▲图 17-1　显示页脚

▲图 17-2　带链接的页脚

如果要添加多个链接，可以使用下面的布局代码：

```
<view class="weui-footer weui-footer_fixed-bottom">
  <view class="weui-footer__links">
    <navigator url="" class="weui-footer__link">底部链接</navigator>
    <navigator url="" class="weui-footer__link">底部链接</navigator>
  </view>
  <view class="weui-footer__text">Copyright © 2008-2016 weui.io</view>
</view>
```

显示效果如图 17-3 所示。

▲图 17-3　带两个链接的页脚

17.2 网格（grid）

WeUI 提供了与 grid 相关的样式，也就是 weui-grids 样式。下面的布局代码使用 wx:for-items 循环生成了带有 9 个 Cell 的网格。

```
<view style="margin:20px">
  <view class="weui-grids">
    <block wx:for-items="{{grids}}" wx:key="{{index}}">
      <navigator url="" class="weui-grid" hover-class="weui-grid_active">
        <image class="weui-grid__icon" src="../images/p1.png" />
        <view class="weui-grid__label">Grid</view>
      </navigator>
    </block>
  </view>
</view>
```

每一个 Cell 中有一个图像和下方的文本，如果想设置图像和文本的样式，可以修改 weui-grid__icon 和 weui-grid__label。当然，本例已经将 weui-grid__icon 的 width 和 height 从 28px 改成了 60px，读者也可以向 Cell 中添加其他组件。每一个 Cell 是一个<navigator>组件，单击每一个 Cell，可以导航到其他页面（需要设置<navigator>标签的 url 属性）。通过设置<navigator>标签的 hover-class 属性，可以在点击后显示不同的背景色。

由于 wx:for-items 使用 grids 变量循环添加 Cell，所以需要在 index.js 中添加如下代码设置 grids 变量。

```
Page({
    data: {
        grids: [0, 1, 2, 3, 4, 5, 6, 7, 8]
    }
});
```

默认状态下网格的效果如图 17-4 所示。

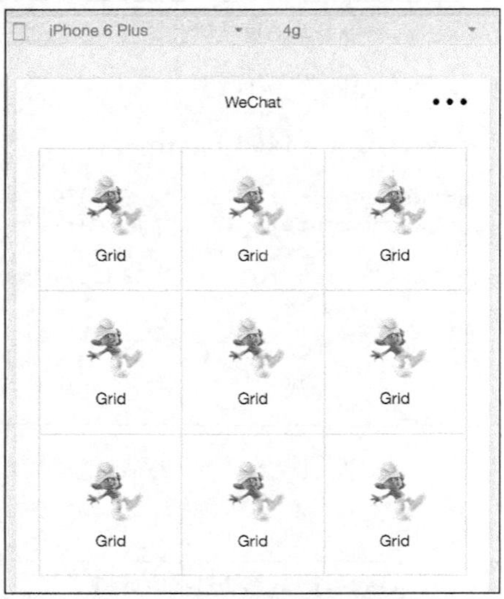

▲图 17-4　默认状态下的网格效果

选中某个 Cell 后的网格效果如图 17-5 所示。

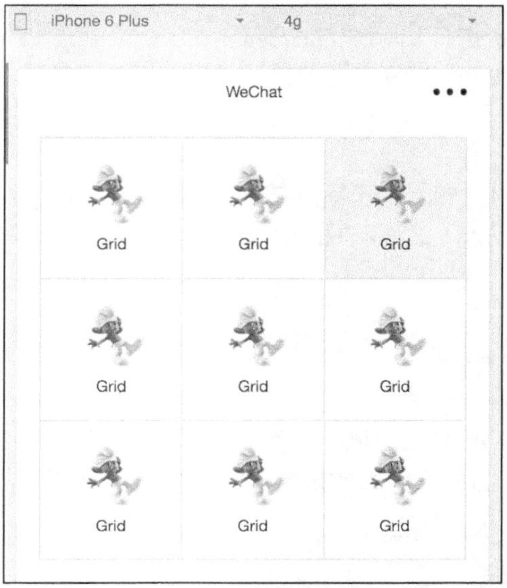

▲图 17-5　选中某个 Cell 后的网格效果

17.3 装载动画（loadmore）

装载动画通常用在装载数据之前，也就是数据还没显示出来时。装载动画的显示效果如图 17-6 所示。

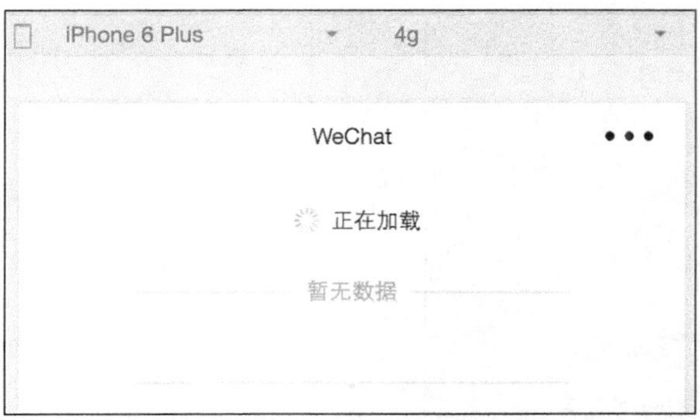

▲图 17-6　装载动画的效果

下面的布局代码实现了这一效果。

```
<view class="page__bd">
  <view class="weui-loadmore">
    <view class="weui-loading"></view>
    <view class="weui-loadmore__tips">正在加载</view>
```

```
    </view>
    <view class="weui-loadmore weui-loadmore_line">
      <view class="weui-loadmore__tips weui-loadmore__tips_in-line">暂无数据</view>
    </view>
    <view class="weui-loadmore weui-loadmore_line weui-loadmore_dot">
      <view class="weui-loadmore__tips weui-loadmore__tips_in-line weui-loadmore__tips_
in-dot"></view>
    </view>
</view>
```

我们可以看到，装载动画上有一个不断旋转的圆形动画，这是由 weui-loading 样式实现的，该样式在 weui.wxss 文件中。这个样式利用 background 属性指定了一个 Base64 格式的动画图像（也就是旋转动画），所以任何一个引用了这个样式的<view>标签都会显示这个旋转动画。

17.4 列表组件（list）

这里的列表其实是模拟 iOS 列表的风格，图 17-7 是典型的 iOS 设置中的列表。

WeUI 组件库提供了丰富的样式可以实现类似 iOS 列表的效果，实现的效果如图 17-8 所示。

▲图 17-7　iOS 设置中的列表

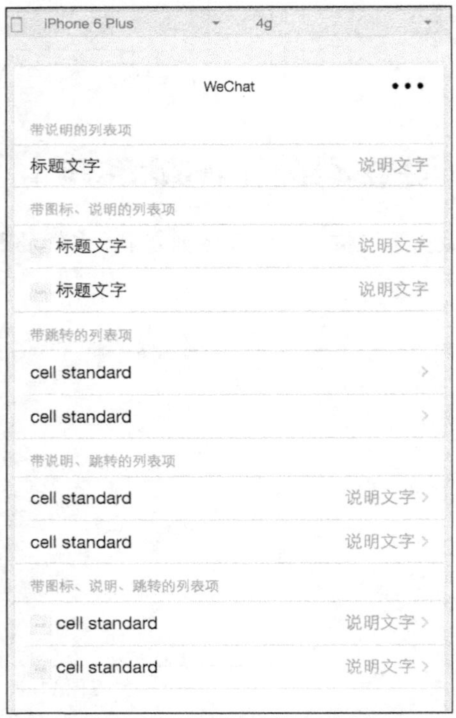

▲图 17-8　WeUI 组件库实现的列表效果

实现列表效果的布局代码如下：

```
<view class="page">
  <view class="page__bd">
```

```
    <view class="weui-cells__title">带说明的列表项</view>
    <view class="weui-cells weui-cells_after-title">
      <view class="weui-cell">
        <view class="weui-cell__bd">标题文字</view>
        <view class="weui-cell__ft">说明文字</view>
      </view>
    </view>
    <view class="weui-cells__title">带图标、说明的列表项</view>
    <view class="weui-cells weui-cells_after-title">
      <view class="weui-cell">
        <view class="weui-cell__hd">
          <image src="{{icon}}" style="margin-right: 5px;vertical-align: middle;width
:20px; height: 20px;"></image>
        </view>
        <view class="weui-cell__bd">标题文字</view>
        <view class="weui-cell__ft">说明文字</view>
      </view>
      <view class="weui-cell">
        <view class="weui-cell__hd">
          <image src="{{icon}}" style="margin-right: 5px;vertical-align: middle;width
:20px; height: 20px;"></image>
        </view>
        <view class="weui-cell__bd">标题文字</view>
        <view class="weui-cell__ft">说明文字</view>
      </view>
    </view>
    <view class="weui-cells__title">带跳转的列表项</view>
    <view class="weui-cells weui-cells_after-title">
      <navigator url="" class="weui-cell weui-cell_access" hover-class="weui-cell_active">
        <view class="weui-cell__bd">cell standard</view>
        <view class="weui-cell__ft weui-cell__ft_in-access"></view>
      </navigator>
      <navigator url="" class="weui-cell weui-cell_access" hover-class="weui-cell_active">
        <view class="weui-cell__bd">cell standard</view>
        <view class="weui-cell__ft weui-cell__ft_in-access"></view>
      </navigator>
    </view>
    <view class="weui-cells__title">带说明、跳转的列表项</view>
    <view class="weui-cells weui-cells_after-title">
      <navigator url="" class="weui-cell weui-cell_access" hover-class="weui-cell_active">
        <view class="weui-cell__bd">cell standard</view>
        <view class="weui-cell__ft weui-cell__ft_in-access">说明文字</view>
      </navigator>
      <navigator url="" class="weui-cell weui-cell_access" hover-class="weui-cell_active">
        <view class="weui-cell__bd">cell standard</view>
        <view class="weui-cell__ft weui-cell__ft_in-access">说明文字</view>
      </navigator>
    </view>
    <view class="weui-cells__title">带图标、说明、跳转的列表项</view>
    <view class="weui-cells weui-cells_after-title">
      <navigator url="" class="weui-cell weui-cell_access" hover-class="weui-cell_active">
        <view class="weui-cell__hd">
          <image src="{{icon}}" style="margin-right: 5px;vertical-align: middle;width
:20px; height: 20px;"></image>
        </view>
        <view class="weui-cell__bd">cell standard</view>
        <view class="weui-cell__ft weui-cell__ft_in-access">说明文字</view>
      </navigator>
      <navigator url="" class="weui-cell weui-cell_access" hover-class="weui-cell_active">
        <view class="weui-cell__hd">
          <image src="{{icon}}" style="margin-right: 5px;vertical-align: middle;width
:20px; height: 20px;"></image>
```

```
        </view>
        <view class="weui-cell__bd">cell standard</view>
        <view class="weui-cell__ft weui-cell__ft_in-access">说明文字</view>
      </navigator>
    </view>
  </view>
</view>
```

在 index.js 中还需要编写如下代码来指定 Item 左侧的图像。

```
var base64 = require("../images/base64");
Page({
    onLoad: function(){
        this.setData({
            icon: base64.icon20   //  Base64 格式的图像
        });
    }
});
```

17.5 单选列表项

单选列表就是将若干个可以选择的 item 组成一个列表，这些 item 同时只能选择一个，但这里的单选 item 和传统的单选 item 的样式有一些差异。单选列表项的效果如图 17-9 所示。

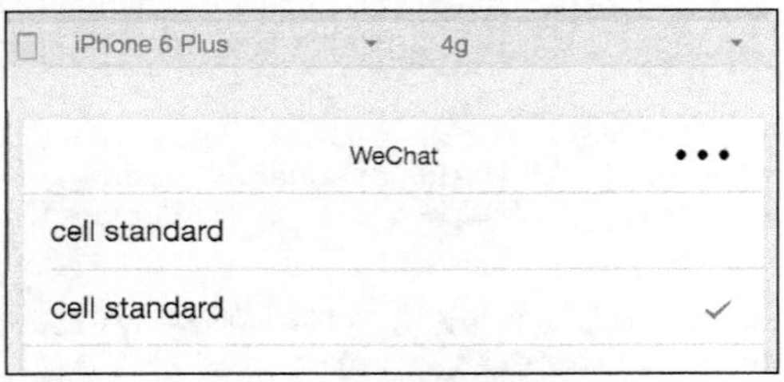

▲图 17-9　单选列表项

实现单选列表项的布局代码如下：

```
<view class="weui-cells weui-cells_after-title">
  <radio-group bindchange="radioChange">
    <label class="weui-cell weui-check__label" wx:for="{{radioItems}}" wx:key="{{item
.value}}">
      <radio class="weui-check" value="{{item.value}}" checked="{{item.checked}}" />
      <view class="weui-cell__bd">{{item.name}}</view>
      <view class="weui-cell__ft weui-cell__ft_in-radio" wx:if="{{item.checked}}">
        <icon class="weui-icon-radio" type="success_no_circle" size="16"></icon>
      </view>
    </label>
  </radio-group>
</view>
```

处理单选项，还需要在 index.js 中添加一些代码来控制单选效果。

```
Page({
    data: {
```

```
        radioItems: [
            {name: 'cell standard', value: '0'},
            {name: 'cell standard', value: '1', checked: true}
        ]
    },
    radioChange: function (e) {
        console.log('radio 发生 change 事件，携带 value 值为：', e.detail.value);

        var radioItems = this.data.radioItems;
        for (var i = 0, len = radioItems.length; i < len; ++i) {
            radioItems[i].checked = radioItems[i].value == e.detail.value;
        }

        this.setData({
            radioItems: radioItems
        });
    }
    });
```

17.6 复选列表项

复选列表项的每一个 item 可以同时选择，效果如图 17-10 所示。

▲图 17-10　复选列表项

实现复选列表项效果的布局代码如下：

```
<view class="weui-cells weui-cells_after-title">
  <checkbox-group bindchange="checkboxChange">
    <label class="weui-cell weui-check__label" wx:for="{{checkboxItems}}" wx:key=
"{{item.value}}">
      <checkbox class="weui-check" value="{{item.value}}" checked="{{item.checked}}" />
      <view class="weui-cell__hd weui-check__hd_in-checkbox">
        <icon class="weui-icon-checkbox_circle" type="circle" size="23" wx:if=
"{{!item.checked}}"></icon>
        <icon class="weui-icon-checkbox_success" type="success" size="23" wx:if=
"{{item.checked}}"></icon>
      </view>
      <view class="weui-cell__bd">{{item.name}}</view>
    </label>
  </checkbox-group>
</view>
```

复选列表框还需要下面的 JavaScript 代码提供数据，以及进行控制。

```
Page({
    data: {
        checkboxItems: [
            {name: '第一项.', value: '0'},
            {name: 'standard is dealt for u.', value: '1', checked: true},
            {name: 'standard is dealicient for u.', value: '2'}
        ]
    },
    checkboxChange: function (e) {
        console.log('checkbox 发生 change 事件，携带 value 值为：', e.detail.value);

        var checkboxItems = this.data.checkboxItems, values = e.detail.value;
        for (var i = 0, lenI = checkboxItems.length; i < lenI; ++i) {
            checkboxItems[i].checked = false;

            for (var j = 0, lenJ = values.length; j < lenJ; ++j) {
                if(checkboxItems[i].value == values[j]){
                    checkboxItems[i].checked = true;
                    break;
                }
            }
        }
        this.setData({
            checkboxItems: checkboxItems
        });
    }
});
```

17.7 小结

尽管本章没有介绍所有的基础组件，但这些基础组件的使用方法大同小异，只需将样式复制到自己的小程序工程中，直接复制组件布局代码即可使用。

第 18 章　高仿计算器

本章给出了一个计算器的例子，这个计算器模仿了 iOS 计算器的样式，本例的主要目的是演示如何借助模板实现一个复杂的 UI 布局。

18.1 项目概述

iOS 和 Mac OS X 都有一款内置的计算器程序，它们的配色效果类似。图 18-1 是 iOS 中计算器 APP 的效果。

本章会在小程序中模拟这个效果，实现一款同样的计算器，效果如图 18-2 所示。

▲图 18-1　iOS 内置的计算器

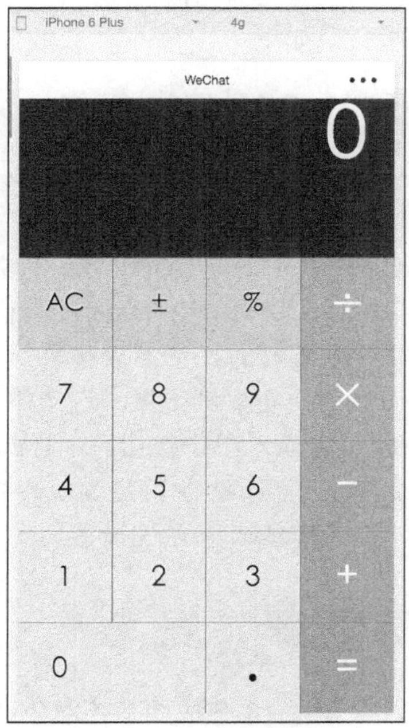

▲图 18-2　小程序版的计算器

这个程序并不复杂，核心文件包括 index.js、index.wxml 和 index.wxss。除了这 3 个文件外，还有一个 reset.wxss 文件，该样式文件用于覆盖小程序模拟的按钮样式。本项目的关键是设计 UI

部分，这个项目通过模板实现了计算器的按钮，并在 index.wxml 文件中多次调用这个模板来布局计算器的按钮。

这款计算器的使用方法和 iOS 计算器类似，只能计算两个操作数的运算。例如，第 1 次按 8，第 2 次按乘号，第 3 次按 9，第 4 次按等号或其他运算符号，会在上方的黑色区域显示计算结果，按左上方的 AC 键会清零。

18.2 设计和实现按钮模板

由于计算器每一个按钮的样式都类似，所以最合适的做法是为这些按钮统一设置一个模板，并为模板指定一些参数，最后在需要时多次调用该模板即可完成计算器按钮的布局。

首先来看这个按钮模板需要的参数。很显然，每一个按钮的文本都不同，所以需要一个设置显示文本的参数（display）。尽管每一个按钮的样式类似，但毕竟不完全一样，所以需要为每一个或一类按钮单独指定一个样式，这就需要一个样式名参数（className）。而最好的做法是这些按钮公用同一个单击事件方法，所以又需要一个用于区分是哪个按钮被单击的标识，其实这个标识完全可以使用样式名参数（className）。因此，这个模板一共需要 3 个参数，与 2 个变量绑定（样式名和标识使用同一个变量）。

- display：按钮显示的文本。
- className：样式名和按钮的标识。

完整的模板代码如下：

```
<template name="calculator-key">
  <button hover-start-time="{{5}}"
hover-stay-time="{{20}}" hover-class="calculator-key-hover"
data-key="{{className}}" class="calculator-key {{className}}">{{display}}</button>
</template>
```

其中，{{display}}用来设置按钮显示的文本，{{className}}是每个按钮特有的样式，每个按钮都会使用 calculator-key 样式。{{className}}也会作为当前按钮的标识，用 data-key 指定，该标识可以通过按钮的单击事件方法的参数获取。

除此之外，为了有更好的效果，这个模板还设置了按钮的其他属性，例如 hover-start-time 和 hover-stay-time，前者表示单击按钮后，样式变化后开始的时间，单位是毫秒：后者表示变化后的样式停留时间，单位是毫秒。也就是说，单击计算器的按钮后，会出现短暂的颜色变化（20 毫秒），颜色变化的样式由 hover-class 属性设置。

18.3 计算器 UI 布局

我们会将计算器的 UI 分成如下 4 部分进行设计。

（1）上方用于显示数字的黑色区域，如图 18-3 所示。

（2）中间的 3 个符号键，如图 18-4 所示。

▲图 18-3 用于显示数字的区域

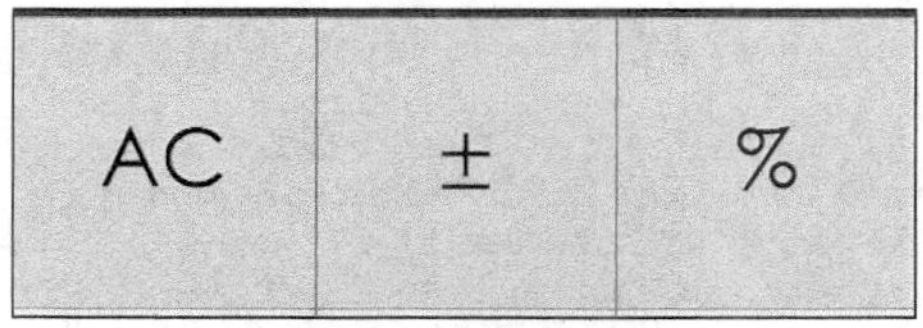

▲图 18-4 3 个符号键

（3）下方的 10 个数字键和 1 个小数点键，如图 18-5 所示。

（4）右侧 4 个运算符键和 1 个等号键，如图 18-6 所示。

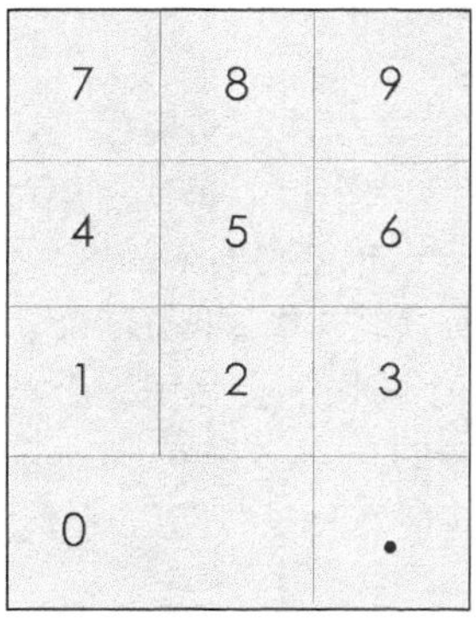

▲图 18-5 数字键和小数点键

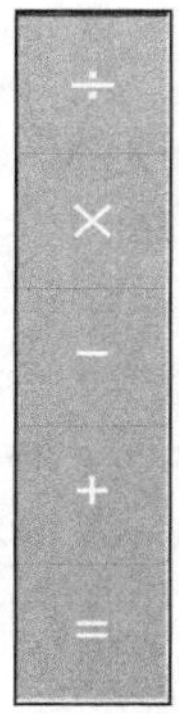

▲图 18-6 运算符键和等号键

很明显，这 4 个区域的 UI 有一定的差异，下面来分别看这 4 个区域的布局。

（1）用于显示数字的黑色区域

这一区域的布局比较简单，只是一组嵌套的<view>组件，代码如下：

```
<view class="calculator-display">
   <view class="calculator-display-text">{{displayValue}}</view>
</view>
```

其中，displayValue 变量用来显示该区域的数字文本，calculator-display 样式用来控制背景色和设置该区域在垂直方向所占的比例（flex = 1），该样式的代码如下；

```
.calculator-display {
  background: #1c191c;
  flex: 1;
}
```

calculator-display-text 样式用来设置文本的属性，如字体、颜色等，该样式的代码如下：

```
.calculator-display-text {
  padding: 0 30px;
  font-size: 6em;
  color: white;
  text-align: right;
}
```

（2）中间的 3 个符号键

这 3 个按键就需要使用上一节实现的按钮模板了，布局代码如下：

```
<view class="function-keys" catchtap="onTapFunction">
   <template is="calculator-key" data="{{className: 'key-clear', display: clearDisplay ? 'C' : 'AC'}}"/>
   <template is="calculator-key" data="{{className: 'key-sign', display: '±'}}"/>
   <template is="calculator-key" data="{{className: 'key-percent', display: '%'}}"/>
 </view>
```

其中，function-keys 样式只设置了按钮的排列方式，样式代码如下：

```
.function-keys {
  display: flex;
}
```

onTapFunction 函数同时处理了这 3 个按钮的单击事件，实现代码后面会详细介绍。我们可以看到，<view>中的代码使用<template>标签引用了 3 次模板，每次引用都指定了 className 模板参数，分别指定了 key-clear、key-sign 和 key-percent。这也就意味着，这 3 个按钮都拥有单独的样式，但在 index.wxml 文件中并没有找到这 3 个样式，所以这 3 个 className 属性值都不起作用了，而起作用的是按钮模板中的 calculator-key 样式。每一个按钮都会使用这个样式，如果打算单独定制某个按钮的样式，可以自行设置 key-clear、key-sign 和 key-percent。calculator-key 样式的代码如下：

```
.calculator-key {
  display: block;
  width: 25vw;
  height: 25vw;
  line-height: 25vw;
  border-top: 1px solid #777;
  border-right: 1px solid #666;
  text-align: center;
  box-sizing: border-box;
}
```

calculator-key 样式设置了 width 和 height，这两个属性是按钮的宽度和高度，单位是 vw。这个单位表示按钮宽度和高度都占各自父窗口的 1/4，100vm 是占 100%。关于 vw 的详细介绍请读者参考 CSS 相关文档和手册。

（3）下方的 10 个数字键和一个小数点键

这 11 个按钮的布局代码如下：

```
<view class="digit-keys" catchtap="onTapDigit">
   <template is="calculator-key" data="{{className: 'key-0', display: '0'}}"/>
   <template is="calculator-key" data="{{className: 'key-dot', display: '●'}}"/>
   <template is="calculator-key" data="{{className: 'key-1', display: '1'}}"/>
   <template is="calculator-key" data="{{className: 'key-2', display: '2'}}"/>
   <template is="calculator-key" data="{{className: 'key-3', display: '3'}}"/>
   <template is="calculator-key" data="{{className: 'key-4', display: '4'}}"/>
   <template is="calculator-key" data="{{className: 'key-5', display: '5'}}"/>
   <template is="calculator-key" data="{{className: 'key-6', display: '6'}}"/>
   <template is="calculator-key" data="{{className: 'key-7', display: '7'}}"/>
   <template is="calculator-key" data="{{className: 'key-8', display: '8'}}"/>
   <template is="calculator-key" data="{{className: 'key-9', display: '9'}}"/>
 </view>
```

其中，digit-keys 样式在 index.wxss 中存在多处，都是和其他样式组合使用。例如，数字键 0 的宽度占了两个按键的宽度，而且数字 0 键使用了 key-0 样式，并且包含数字 0 键的<view>使用了 digit-keys，所以可以使用组合样式，代码如下：

```
.digit-keys .key-0 {
  width: 50vw;
  text-align: left;
  padding-left: 9vw;
}
```

这段样式代码将 digit-keys 和 key-0 放在了一起，表示只有父标签使用了 digit-keys 样式，子标签使用了 key-0 样式，子标签才会使用这个组合样式。顺序必能点到，如不能用下面的组合样式。

```
.key-0 .digit-keys {
  width: 50vw;
  text-align: left;
  padding-left: 9vw;
}
```

这样的组合可以越级，例如，使用 digit-keys 样式的<view>标签的父标签使用 input-keys 样式，而使用 input-keys 样式的标签的父标签使用 calculator-keypad 样式，代码如下：

```
<view class="calculator-keypad">
   <view class="input-keys">
     … …
     <view class="digit-keys" catchtap="onTapDigit">
       <template is="calculator-key" data="{{className: 'key-0', display: '0'}}"/>
      … …
      </view>
   </view>
   … …
</view>
```

所以可以将数字 0 键使用的样式改成下面的代码：

```
.input-keys .key-0 {
  width: 50vw;
  text-align: left;
  padding-left: 9vw;
}
```

也可以改成下面的代码：

```
.calculator-keypad .key-0 {
  width: 50vw;
  text-align: left;
  padding-left: 9vw;
}
```

当然，也可以用 3 个或以上的样式组合，代码如下：

```
.calculator-keypad .input-keys .key-0 {
  width: 50vw;
  text-align: left;
  padding-left: 9vw;
}
```

（4）右侧 4 个运算符键和一个等号键

这 5 个按键的布局代码如下：

```
<view class="operator-keys" catchtap="onTapOperator">
     <template is="calculator-key" data="{{className: 'key-divide', display: '÷'}}"/>
     <template is="calculator-key" data="{{className: 'key-multiply', display: '×'}}"/>
     <template is="calculator-key" data="{{className: 'key-subtract', display: '-'}}"/>
     <template is="calculator-key" data="{{className: 'key-add', display: '+'}}"/>
     <template is="calculator-key" data="{{className: 'key-equals', display: '='}}"/>
</view>
```

这段布局代码主要的样式是 operator-keys。从效果可以看出，这 5 个按键从上到下呈现渐变的效果，上边颜色浅，下边颜色深。而且这个渐变需要在 operator-keys 样式上做，因此，设置这 5 个按键样式的代码如下：

```
.operator-keys {
  background:  linear-gradient(to bottom, rgba(252,156,23,1) 0%, rgba(247,126,27,1)
100%);
}
```

其中，linear-gradient 在 CSS 中用于设置渐变效果。to bottom 表示从上到下呈现渐变效果，rgba(252,156,23,1)设置了渐变开始演示，0%表示从最顶端就开始渐变效果。rgba(247,126,27,1)设置了渐变结束的颜色，100%表示渐变效果一直延续到最底端。

到现在为止，高仿 iOS 计算器 UI 部分的核心布局已经完成了，下面看一下完整的布局代码。

```
<template name="calculator-key">
  <button hover-start-time="{{5}}" hover-stay-time="{{20}}" hover-class="calculator-
key-hover" data-key="{{className}}" class="calculator-key {{className}}">{{display}}<
/button>
</template>

<view class="calculator">

  <view class="calculator-display">
    <view class="calculator-display-text">{{displayValue}}</view>
  </view>
  <view class="calculator-keypad">
    <view class="input-keys">
      <view class="function-keys" catchtap="onTapFunction">
        <template is="calculator-key" data="{{className: 'key-clear', display:
clearDisplay ? 'C' : 'AC'}}"/>
        <template is="calculator-key" data="{{className: 'key-sign', display: '±'}}"/>
        <template is="calculator-key" data="{{className: 'key-percent', display: '%'}}"/>
      </view>
      <view class="digit-keys" catchtap="onTapDigit">
        <template is="calculator-key" data="{{className: 'key-0', display: '0'}}"/>
        <template is="calculator-key" data="{{className: 'key-dot', display: '●'}}"/>
        <template is="calculator-key" data="{{className: 'key-1', display: '1'}}"/>
        <template is="calculator-key" data="{{className: 'key-2', display: '2'}}"/>
        <template is="calculator-key" data="{{className: 'key-3', display: '3'}}"/>
        <template is="calculator-key" data="{{className: 'key-4', display: '4'}}"/>
        <template is="calculator-key" data="{{className: 'key-5', display: '5'}}"/>
        <template is="calculator-key" data="{{className: 'key-6', display: '6'}}"/>
        <template is="calculator-key" data="{{className: 'key-7', display: '7'}}"/>
```

```
        <template is="calculator-key" data="{{className: 'key-8', display: '8'}}"/>
        <template is="calculator-key" data="{{className: 'key-9', display: '9'}}"/>
      </view>
    </view>
    <view class="operator-keys" catchtap="onTapOperator">
        <template is="calculator-key" data="{{className: 'key-divide', display: '÷'}}"/>
        <template is="calculator-key" data="{{className: 'key-multiply', display: '×'}}"/>
        <template is="calculator-key" data="{{className: 'key-subtract', display: '-'}}"/>
        <template is="calculator-key" data="{{className: 'key-add', display: '+'}}"/>
        <template is="calculator-key" data="{{className: 'key-equals', display: '='}}"/>
    </view>
  </view>
</view>
```

在 index.wxss 文件的开始部分还使用了如下代码导入了 reset.wxss 文件：

```
@import "reset.wxss";
```

reset.wxss 文件用于覆盖默认 button 的样式，代码如下：

```
button {
  background: none;
  border-radius: 0;
}
button::after {
  display: none;
}
```

这段样式代码将默认的按钮背景色设为 none（无背景），以及取消了圆角的效果。而且后面使用了一个::after 选择器，将 display 设为 none。这是怎么回事呢？其实，为了避免两个相邻的按钮的边线重合在一起，导致边线变粗，因此，按钮的边线是使用::after 选择器在按钮后面添加的，不过目前被取消了，也就是现在不在按钮后面添加任何东西了。

18.4 编写计算器的逻辑代码

这款计算器的 JavaScript 代码逻辑比较简单，主要是单独处理上一节描述的几组按键，例如 onTapFunction 函数处理 3 个功能按键的单击事件，onTapOperator 函数处理操作符按键的单击事件，而 onTapDigit 函数用于处理数组按钮的单击事件。完整的实现代码如下：

```
Page({
  data: {
    value: null, // 上次计算后的结果，null 表示没有上次计算的结果
    displayValue: '0', // 显示数值
    operator: null, // 上次计算符号，null 表示没有未完成的计算
    waitingForOperand: false // 前一按键是否为计算符号
  },
  //  一些用于运算的函数，如加、减、乘、除
  onLoad: function(options) {
    this.calculatorOperations = {
      'key-divide': (prevValue, nextValue) => prevValue / nextValue,
      'key-multiply': (prevValue, nextValue) => prevValue * nextValue,
      'key-add': (prevValue, nextValue) => prevValue + nextValue,
      'key-subtract': (prevValue, nextValue) => prevValue - nextValue,
```

```
      'key-equals': (prevValue, nextValue) => nextValue
    }
  },

  /* AC 操作，清除所有操作痕迹 */
  clearAll() {
    this.setData({
      value: null,
      displayValue: '0',
      operator: null,
      waitingForOperand: false
    })
  },

  //  仅仅清除屏幕上的数字（重新变为 0）
  clearDisplay() {
    this.setData({
      displayValue: '0'
    })
  },
  //  处理 3 个功能键的单击事件
  onTapFunction: function(event) {
    //  获取点击的是哪个键，通过<button>标签的 data-key 属性设置 key 的值
    const key = event.target.dataset.key;

    switch(key) {
      case 'key-clear':    //  处理 AC 单击事件
        //  如果屏幕上显示的不是 0，仅仅清除数字，恢复到 0
        if (this.data.displayValue !== '0') {
          this.clearDisplay();
        } else {
          //  如果屏幕上显示的是 0，那么一切恢复到初始状态
          this.clearAll();
        }

        break;

      case 'key-sign':    //  处理正负符号键的单击事件，如果是正数，前面加负号（-），否则去掉负号
        var newValue = parseFloat(this.data.displayValue) * -1

        this.setData({
          displayValue: String(newValue)
        })

        break;

      case 'key-percent': //  处理百分号按键的单击事件
        //  在这里需要计算小数部分的位数，因此，使用正则表达式将正数部分，包括最前面可能出现的负号（-）
        //  和小数点替换成空串，这样计算 fixedDigits.length，就会直接获得待取百分比的数值的小数部分
        //  的长度了
        const fixedDigits = this.data.displayValue.replace(/^-?\d*\.?/, '')
        //  求百分比
        var newValue = parseFloat(this.data.displayValue) / 100
        //  更新 displayValue 变量，并保留实际的小数点位数，也就是取百分比后的小数位数等于原数值
        //  的长度+2，如 6.23，去百分比后，就变成了 0.0623 了
        this.setData({
          displayValue: String(newValue.toFixed(fixedDigits.length + 2))
        });
```

```
        break;

      default:
        break;
    }
  },
  //  处理操作符按键的单击事件
  onTapOperator: function(event) {
    //  获取当前按了哪个操作符
    const nextOperator = event.target.dataset.key;
    const inputValue = parseFloat(this.data.displayValue);
    //  上次没有计算出任何结果，因此，当前 value 的值就是正在输入的值（inputValue）
    //  假设现在按键的顺序是："4 "，" + "，那么当前值就是 4
    if (this.data.value == null) {
      this.setData({
        value: inputValue
      });
    }
    else if (this.data.operator) {
      // 假设现在按键的顺序是："4 "，" + "，" 5 "，" + "，在按第二次加号键时，会利用前面的操作符计算两个
      // 操作数的结果，因此，这时 currentValue 是 4、inputValue 是 5，而计算完后，newValue 是 9
      const currentValue = this.data.value;
      //  根据单击的操作符按键计算结果
      const newValue = this.calculatorOperations[this.data.operator](currentValue,
inputValue);

      this.setData({
        value: newValue,
        displayValue: String(newValue)
      });
    }

    this.setData({
      waitingForOperand: true,
      operator: nextOperator
    });
  },
  //  处理数字键的单击事件
  onTapDigit: function(event) {
    const key = event.target.dataset.key; // 根据 data-key 标记按键
    //  单击了小数点（.）按键
    if(key == 'key-dot') {
      // 在输入的数字后面加 "."
      this.setData({
          displayValue: this.data.displayValue + '.',
          waitingForOperand: false
      })
    } else {
      // 按下数字键，由于通过<button>标签的 data-key 属性传入的标识是 key-0、key-1 等形式
      // 所以需要去 key 的最后一个字符，才能获得当前单击的是哪个数字键
      const digit = key[key.length-1];
      //  如果已经按下操作符键，在等待下一个输入的数字
      if (this.data.waitingForOperand) {
        this.setData({
          displayValue: String(digit),    //  在屏幕上显示当前输入的数字（最高位数字）
          waitingForOperand: false
        })
```

```
        } else {  // 第二次以及以后按数字键，直接将输入的数字接在以前输入数字的后面
          this.setData({
            displayValue: this.data.displayValue === '0' ? String(digit) : this.data.
displayValue + digit
          })
        }
      }
    }
  })
```

18.5 小结

尽管本章的例子并不复杂，但却完美地描述了一款完整的小程序是如何开发出来的。通常，开发一款小程序首先要设计主要的 UI 布局，然后需要根据业务逻辑编写 JavaScript 代码。当然，这一步骤也可能同步穿插进行。

第 19 章　快递查询

本章案例的主要功能是通过第三方 API 获取快递单的状态信息，并将这些信息显示在滚动列表中。我们从这个项目中可以学到如何使用 wx.request 方法与第三方 API 进行交互，以及如何显示滚动列表。

19.1 项目概述

查询快递项目可借助第三方 API 查询全国大多数快递的送货进度，需要提供快递单号（快递单条码下方的一串数字），快递查询的界面如图 19-1 所示。

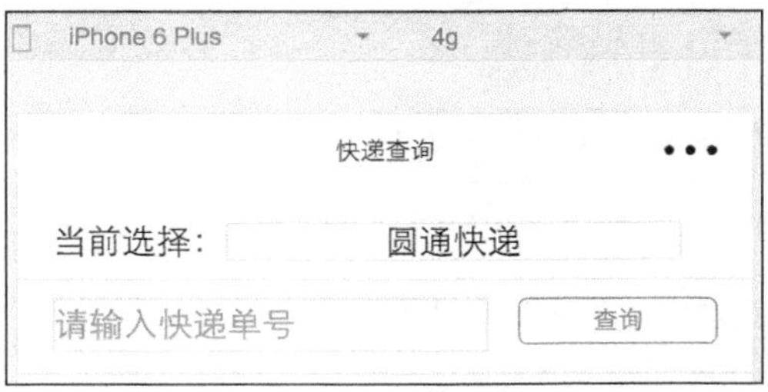

▲图 19-1　快递查询界面

在文本输入框中输入快递单号，并选中快递公司，单击“查询”按钮，如果快递单号和快递公司选择正确，会查询到快递当前的状态，显示效果如图 19-2 所示。

本项目需要使用 wx.request 方法访问网络，在前面的章节介绍 wx.request 方法时，曾讲过使用 wx.request 方法前需要在小程序后台设置 request 访问域，否则 wx.request 方法无法与服务端交互。但这是对于在创建小程序工程时指定了 AppID 的情况，如果不指定 AppID，使用 wx.request 方法是可以访问任何域名的，并不需要在小程序后台指定 request 访问域。当然，如果一定要指定 AppID，那就只好在小程序后台管理中设置 request 域了，本项目使用的 request 域名是 https://robot.leanapp.cn，读者可自行设置。

这是第三方的 API，其实绝大多数快递公司都提供了自己的 API 接口，读者也可以直接调用这些 API 接口。为了方便，最好使用第三方的快递查询 API，因为这些 API 已经封装了大多数快递公司的 API，使用起来更方便。

▲图 19-2　查询结果

顺丰：https://open.sf-express.com/apitools/sdk.html

申通：http://open.sto.cn

德邦：http://dop.deppon.com

19.2 设计 UI

从图 19-2 查询结果可以看出，快递查询的 UI 分为上下两部分，上面可以选择快递公司和输入快递单号，下面是可以滚动的列表，用来显示快递状态。

其中，选择快递公司需要使用<picker>组件，布局代码如下：

```
<view class="picker-wrapper">
<view class="picker-tips">当前选择: </view>
<picker class="picker-select" bindchange="bindExpressChange" value="{{index}}" range=
"{{express}}">
  <view class="picker">{{express[index]}}</view>
</picker>
</view>
```

在这段布局代码中，picker-wrapper 样式用于设置背景色和内容距边界的距离，样式代码如下：

```
.picker-wrapper {
 background-color: #FFF;
 padding: 20px 30px 10px 20px;
}
```

<picker>组件的 picker-select 样式用于设置了<picker>组件的外观，代码如下：

```
.picker-select {
    width: 70%;
    display: inline-block;
    border: 1px solid #ddd;
    background-color: #FFF;
    border-radius: 2px;
}
```

与 range 属性绑定的 express 变量设置了目前支持的快递公司（后面会给出完整的实现代码），每一个快递公司用一个<view>组件表示，{{express[index]}}显示了每一个快递公司的名字。单击<picker>组件后，会在屏幕下方弹出快递公司列表，如图 19-3 所示。用户可以选择快递单号对应的快递公司。

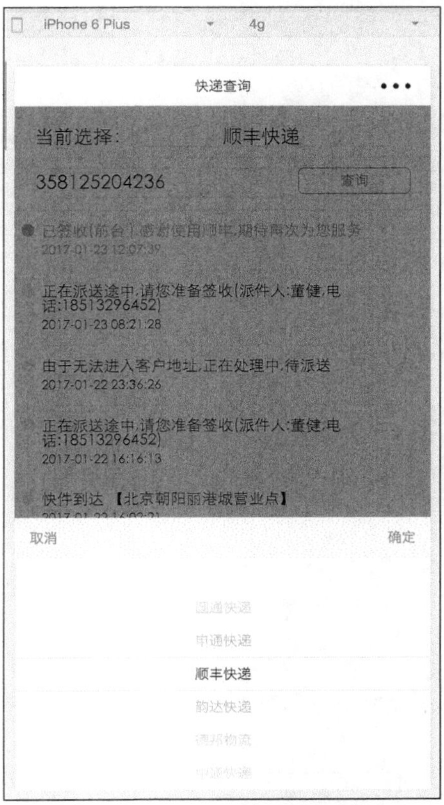

▲图 19-3　快递公司列表

用于输入快递单号的 UI 布局就非常简单了，只需一个<input>和<button>组件即可，代码如下：

```
<view class="input-wrapper">
   <input class="input-post" type="number" placeholder="请输入快递单号
" bindinput="bindChangeInput" />
  <button class="btn-search" type="primary" plain bindtap="bindOnSearch"
loading="{{loading}}">查询</button>
</view>
```

<button>组件通过设置 loading 属性，实现在正在查询的过程中，按钮文字的前方会显示不断旋转的圆形进度条，以表示正在查询的过程中。查询完成后，进度条自动消失。

当成功查询到快递单后，会在下方显示可滚动的状态列表，如图 19-2 所示。这个滚动功能需要通过<scroll-view>容器组件完成，在该组件中，通过 wx:for 对 data.data 进行枚举，data 对象中的 data 属性是服务端返回的 JSON 数组，里面包含了每一个状态的具体细节。用于显示每一个状态信息的是<view>以及里面的 3 个子<view>，布局代码如下：

```
<scroll-view class="scroll-view_H" scroll-y="true" style="width: 100%">
   <view wx:for="{{data.data}}" wx:key="{{ index }}"  wx:for-item="item" class=
"{{ !index ? 'express-items-active' : 'express-items' }}">
     <view class="express-item">
       <view class="{{ !index ? 'point-active' : 'point' }}" />
       <view class="item-context">{{item.context}}</view>
       <view class="item-time">{{item.time}}</view>
     </view>
   </view>
 </scroll-view>
```

最后，还可使用如下的布局代码显示错误信息，如果 data.data 的长度为 0，就认为是错误。例如，快递单号错误，或选错了快递公司。

```
<view wx:if="{{data.data.length === 0}}" class="express-error">
  {{data.message}}
</view>
```

出现错误的 UI 效果如图 19-4 所示。

▲图 19-4　查询快递单出错

完整的布局代码如下：

```
<view class="container-express">
  <view class="picker-wrapper">
    <view class="picker-tips">当前选择：</view>
    <picker class="picker-select" bindchange="bindExpressChange" value="{{index}}"
range="{{express}}">
        <view class="picker">{{express[index]}}</view>
    </picker>
  </view>
  <view class="input-wrapper">
    <input class="input-post" type="number" placeholder="请输入快递单号
" bindinput="bindChangeInput" />
    <button class="btn-search" type="primary" plain bindtap="bindOnSearch" loading=
"{{loading}}">查询</button>
  </view>
  <scroll-view class="scroll-view_H" scroll-y="true" style="width: 100%">
    <view wx:for="{{data.data}}" wx:key="{{ index }}"  wx:for-item="item" class="{{ !
index ? 'express-items-active' : 'express-items' }}">
      <view class="express-item">
        <view class="{{ !index ? 'point-active' : 'point' }}" />
        <view class="item-context">{{item.context}}</view>
        <view class="item-time">{{item.time}}</view>
      </view>
    </view>
  </scroll-view>
  <view wx:if="{{data.data.length === 0}}" class="express-error">
    {{data.message}}
  </view>
</view>
```

19.3 编写业务逻辑代码

获取快递单信息的代码的逻辑比较简单，除了一些控制组件的代码（例如<input>组件与变量同步的 bindChangeInput 方法，以及<picker>组件选择一个快递公司后，更新当前索引的 bindExpressChange 方法），最为主要的就是 bindOnSearch 方法，该方法通过 wx.request 方法请求第三方 API 的 Url，然后获取响应数据，并与响应的变量同步（主要是 data.data 变量，一个数组变量）。完整的 JavaScript 实现代码如下：

```
var util = require('../../utils/util.js')
Page({
  data: {
    //  定义目前支持的快递公司
    express: [ '圆通快递','申通快递','顺丰快递','韵达快递','德邦物流','中通快递','百世快递','邮
政包裹','EMS','邮政国际' ],
    //  定义快递公司对应的 key
    key: [ 'yuantong','shentong','shunfeng','yunda','debangwuliu','zhongtong',
'huitongkuaidi','youzhengguonei','ems','youzhengguoji' ],
    //  当前选择的快递公司索引，从 0 开始
    index: 0,
    //  快递单号
```

```
    postId: '',
    //  返回与快递单号对应的快递单状态数据
    data: [],
    //  决定是否在按钮上显示正在装载动画，该属性为 true，显示正在装载动画
    loading: false
  },
  onLoad: function () {

  },
  //  <picker>组件的值发生变化时调用该方法
  bindExpressChange: function (e) {
      var that = this;
      console.log(that.data.key[e.detail.value]);
      that.setData({
        index: e.detail.value
      });
  },
  //  在<input>组件中输入内容时调用该方法
  bindChangeInput: function(e) {
    this.setData({
      postId: e.detail.value
    });
  },
  //  单击"查询"按钮调用该方法
  bindOnSearch: function () {

    var that = this;
    //  获取要查询的快递单号
    var postId = that.data.postId;
    //  获取当前选择的快递公司对应的 key
    var type = that.data.key[that.data.index];

    if (!postId.length || !type.length) return;
    //  显示正在装载动画
    that.setData({
        loading: !that.data.loading
    });
    //  请求第三方 API 的 Url
    wx.request({
      url: 'https://robot.leanapp.cn/api/express/'+type+'/'+postId,
      header: {
          'Content-Type': 'application/json'
      },
      success: function(res) {
        console.log(res.data);
        //  如果成功返回数据，更新 data 变量，显示快递单状态数据
        that.setData({
          loading: !that.data.loading,
          data: res.data
        });
        console.error(res.data.data);
      }
    });
  }
})
```

在成功调用 API 后，返回一个 JSON 类型的数据，其中有一个 data 属性，该属性是 JSON 类型的数组，用于保存快递单的状态信息。通过 Console 可以看出这个 JSON 对象的完整状态，如图 19-5 所示。

▲图 19-5　第三方 API 返回的 JSON 对象

19.4 小结

虽然需要发布的小程序明确要求 wx.request 方法访问的 Url 包含的域名必须在 request 访问域中指定，但为了测试方便，未指定 AppID 的小程序可以通过 wx.request 方法访问任何的 Url。这个 Url 可以是 http 的，域名也可以不是 request 访问域指定的，只是这样就不能在手机上预览，更不能发布了。

第 20 章　电影订票

本章案例的功能是通过与服务端 API 交互获取电影列表，并可浏览电影的细节，以及播放电影预告在线视频，并实现订票功能。

20.1 项目概述

本项目包括了两个页面：电影列表页面和订票页面，图 20-1 是电影列表页面的效果。

▲图 20-1　电影列表页面

单击“购票”按钮，会直接跳到购票页面。本项目不仅演示了如何利用 wx.request 方法与服务端进行交互，以及复杂列表的实现，还演示了小程序中如何让多个页面在一起工作。

在打开电影订票工程时，不要输入 AppID，因为这个程序也是用了 wx.request 访问了在 request 域未设置的域名。如果读者想更方便地测试，可以将工程中的 list.json 文件放到自己本机的服务器的 Web 目录中（如 apache 或 nginx）。而且如果不使用 AppID，也可以使用端口号，例如 http://localhost:8888/list.json 都是合法的。

20.2 设计电影列表 UI 的布局

如图 20-1 所示的电影列表 UI，整个页面主要就是一个滚动列表，所以很容易想到使用<scroll-view>组件，而且在电影列表加载的过程中会显示正在装载动画，这个需要使用<loading>组件实现。

电影列表每一项左侧的电影封面图像上有一个类似于播放的箭头图标，这个布局实际上由两个<image>组件叠加完成，代码如下：

```
<view class="list-img">
   <image class="img" src="{{item.img}}"></image>
   <image class="list-play" src="../../images/i-play.png"></image>
 </view>
```

在这段布局中使用了如下 3 个样式，用来控制图像和箭头图标的位置。

```
.list-img{
 width: 130rpx;
 height: 180rpx;
 margin-right: 20rpx;
 position: relative;
}
.list-img .img{
 width: 130rpx;
 height: 180rpx;
}
.list-play{
 position: absolute;
 left: 45rpx;
 top: 70rpx;
 width: 40rpx;
 height: 40rpx;
}
```

每一个 item 右侧的布局稍微复杂点，包括电影标题、描述、演员列表、五星评级、购物按钮等，这个布局的实现代码如下：

```
<view class="list-main flex-btn">
   <view class="list-title list-brief">
     <text>{{item.nm}}</text>
     <test class="i-imax" wx:if="{{item.imax && item['3d']}}" src="../../tests/i-imax
.png">3Dimax</test>
     <test class="i-imax" wx:elif="{{item['3d']}}" src="../../tests/i-play.png">3d</test>
     <test class="i-imax" wx:elif="{{item['imax']}}" src="../../tests/i-star.png">imax</test>
     <test class="i-imax" wx:else="{{item['imax']}}" src="../../tests/i-stars.png">2d</test>
   </view>
   <view class="list-size" wx:if="{{!item.preSale}}">
```

```
      <view class="star">
        <view style="width: {{item.sc * 10}}%" class="stars"></view>
      </view>{{item.sc}}</view>
    <view class="list-brief" wx:if="{{item.preSale}}">
      <text class="wish">{{item.wish}}人想看</text>{{item.showInfo}}</view>
    <view class="list-brief">{{item.scm}}</view>
    <view class="list-brief">{{item.dir}} {{item.star}}</view>
    <view class="list-sale">
      <text wx:if="{{!item.preSale}}" class="sales">购票</text>
      <text wx:if="{{item.preSale}}" class="pre-sale">预售</text>
    </view>
  </view>
```

完整的布局代码如下：

```
<loading hidden="{{loading}}">
  加载中...
</loading>
<scroll-view class="container img-content" style="height: {{windowHeight}}px; width:
{{windowWidth}}px; " scroll-y="true" bindscrolltoupper="pullDownRefresh" bindscrollto
lower="pullUpLoad" lower-threshold="800">
  <navigator class="list flex-box" wx:for="{{films}}" url="../details/details?title=
navigate&id={{item.id}}&titles={{item.nm}}">
    <view class="list-img">
      <image class="img" src="{{item.img}}"></image>
      <image class="list-play" src="../../images/i-play.png"></image>
    </view>
    <view class="list-main flex-btn">
      <view class="list-title list-brief">
        <text>{{item.nm}}</text>
        <test class="i-imax" wx:if="{{item.imax && item['3d']}}" src="../../tests/
i- imax.png">3Dimax</test>
        <test class="i-imax" wx:elif="{{item['3d']}}" src="../../tests/i-play.png">3d
</test>
        <test class="i-imax" wx:elif="{{item['imax']}}" src="../../tests/i-star.png">
imax</test>
        <test class="i-imax" wx:else="{{item['imax']}}" src="../../tests/i-stars.png"
>2d</test>
      </view>
      <view class="list-size" wx:if="{{!item.preSale}}">
        <view class="star">
          <view style="width: {{item.sc * 10}}%" class="stars"></view>
        </view>{{item.sc}}</view>
      <view class="list-brief" wx:if="{{item.preSale}}">
        <text class="wish">{{item.wish}}人想看</text>{{item.showInfo}}</view>
      <view class="list-brief">{{item.scm}}</view>
      <view class="list-brief">{{item.dir}} {{item.star}}</view>
      <view class="list-sale">
        <text wx:if="{{!item.preSale}}" class="sales">购票</text>
        <text wx:if="{{item.preSale}}" class="pre-sale">预售</text>
      </view>
    </view>
  </navigator>
</scroll-view>
```

20.3 编写电影列表的逻辑代码

逻辑代码的核心是 onShow 方法，也就是当页面现实时，会调用 wx.request 方法访问 Url，以获得电影列表的相关数据，然后通过更新 data 中相应的变量，最后会将这些数据显示在<scroll-view>中的相应组件中。完整的逻辑代码实现如下：

```
//index.js
Page({
  data: {
    films: [],  //  电影对象列表
    loading: false,
    windowHeight: 0,
    windowWidth: 0
  },
  onLoad: function () {
    this.setData({
      loading: false
    })
  },
  onShow: function(){
    var that = this
    wx.request({
      //模拟的 API 接口，读者可以更换实际的 API 接口，或本地接口
      url: 'http://geekori.cn/list.json',
      header: {
          'Content-Type': 'application/json'
      },
      success: function(res) {
        console.log(res.data)
        //  成功获取电影列表数据，并将这些数据更新到 films 数组中
        that.setData({
          films: res.data.data.movies,
          loading: true
        })
      }
})
//  获取窗口的宽度和高度，用来设置<scroll-view>组件的尺寸
    wx.getSystemInfo({
      success: (res) => {
        that.setData({
          windowHeight: res.windowHeight,
          windowWidth: res.windowWidth
        })
      }
    })
  }
})
```

20.4 电影细节展示和订票页面 UI 布局

单击电影列表的 Item 后，会进入电影展示页面，效果如图 20-2 所示。

单击电影图标上的播放按钮，会直接播放电影预告，效果如图 20-3 所示。

从图 20-2 和图 20-3 的 UI 可以看出，除了需要大量的<view>组件外，还需要一个<video>组件用来播放在线视频。完整的布局代码如下：

▲图 20-2　电影展示页面

▲图 20-3　播放电影预告效果

```
<loading hidden="{{loading}}">
  加载中...
</loading>
<view class="detail flex-box" url="">
  <view class="detail-img">
    <image class="img" src="{{films.MovieDetailModel.img}}"></image>
    <image bindtap="vShow" class="detail-play" src="../../images/i-play.png"></image>
  </view>
  <view class="detail-main flex-btn">
    <view class="detail-title detail-brief">
      <text>{{films.MovieDetailModel.nm}}</text>
      <image class="i-imax" wx:if="{{films.MovieDetailModel.imax}}" src="../../images
/i-imax.png"></image>
      <image class="i-imax" wx:if="{{films.MovieDetailModel.preSale}}" src="../../
images/i-imax.png"></image>
    </view>
    <view class="detail-brief">{{films.MovieDetailModel.scm}}</view>
    <view class="detail-brief">{{films.MovieDetailModel.cat}}</view>
    <view class="detail-brief">{{films.MovieDetailModel.src}} /
{{films.MovieDetailModel.dur}}分钟</view>
    <view class="detail-brief">{{films.MovieDetailModel.rt}}</view>
    <view class="detail-brief" wx:if="{{films.MovieDetailModel.preSale}}">
      <text class="wish">{{films.MovieDetailModel.wish}}人想看
</text>{{films.MovieDetailModel.showInfo}}</view>
    <view class="detail-size" wx:if="{{!films.MovieDetailModel.preSale}}">
      <view class="star">
        <view style="width: {{films.MovieDetailModel.sc * 10}}%" class="stars"></view>
      </view>{{films.MovieDetailModel.sc}}</view>
  </view>
```

```
  <image class="bg" src="https://gw.alicdn.com/tps/i4/TB1pa7pJFXXXXX6XFXXwwg20FXX-640
-448.png"></image>
  <video class="{{video}}" autoplay="true" bindended="vHid" src=
"{{films.MovieDetailModel.vd}}" controls></video>
</view>
<scroll-view class="details-dra">
  <view>{{details}}</view>
</scroll-view>
<button type="primary" size="{{primarySize}}" plain="{{plain}}" disabled="{{disabled}
}" bindtap="pay"> 立即购票 </button>
```

通过单击播放按钮，会通过<video>组件的 class 属性设置不同的样式来显示和隐藏<video>组件，不管是否隐藏<video>组件，只要一进入这个页面，就会自动播放电影预告视频。

当单击“立即购票”按钮后，就会下订单，下订单的细节会在下一节介绍。

20.5 电影展示和订票逻辑实现

电影细节展示仍然需要使用 wx.request 方法请求服务端获取，所以逻辑代码的核心是 onLoad 方法，在装载页面时，会调用 wx.request 方法与相应的 Url 交互。完整的实现代码如下：

```
//detail.js
Page({
  data: {
    films: [],
    loading: false,
    title: '正在热映',
    video: 'video-hide',    //  设置<video>组件显示或隐藏使用的样式
    datails: '',
    windowWidth: 0
  },
  onLoad: function (options) {
    //  每一部电影对应的细节 Url
    var id = 'http://m.maoyan.com/movie/' + options.id + '.json'
    this.setData({
      title: options.titles
    })
    var that = this
    //  请求服务端获取电影细节列表，其中包含电影预告视频的播放链接
    wx.request({
      url: id,
      data: {
      },
      header: {
          'Content-Type': 'application/json'
      },
      success: function(res) {
        console.log(res.data)
        that.setData({
          films: res.data.data,
          loading: true
        })
        //  过滤掉电影详细描述的<p>、</p>等标签
        var pages = that.data.films.MovieDetailModel.dra
        pages = pages.replace(/<.*?>/ig,"")
        that.setData({
          details: pages
        })
```

```
            console.log(pages)
          }
        })
      },
      //  设置导航标题栏等信息
      onReady: function(){
        var that = this
        wx.setNavigationBarTitle({
          title: that.data.title
        })
        wx.getSystemInfo({
          success: (res) => {
            that.setData({
              windowHeight: res.windowHeight,
              windowWidth: res.windowWidth
            })
          }
        })
      },
      //  单击“立即支付”按钮执行的方法
      pay: function(){
        console.log('pay');
        wx.requestPayment({
           'timeStamp': '',
           'nonceStr': '',
           'package': '',
           'signType': 'MD5',
           'paySign': '',
           'success':function(res){
              console.log('success');
           },
           'fail':function(res){
              console.log('fail');
           }
        })
      },
       //  显示<video>组件，也就是切换<video>组件使用的样式
      vShow: function(){
        this.setData({
          video: 'video-show'
        })
      },
       //  隐藏<video>组件，也就是切换<video>组件使用的样式

      vHid: function(){
        this.setData({
          video: 'video-hide'
        })
      }
    })
```

如果读者想真正获取支付功能，需要按 15.3 节介绍的步骤申请支付权限，并按流程完成下订单和支付的工作。

20.6 小结

本章的例子比上一章中的快递查询实例更加复杂，包含了两个页面。通过对本章的学习，读者可以掌握更复杂的 UI 布局实现以及多页面小程序的编写方法。

第 21 章　图表

本章的案例并不是完整的小程序项目，而是在很多小程序中都可能用到的图表，例如曲线图、柱状图、饼状图等。这些图表都是通过 wx-charts 开源组件绘制的，本章将详细介绍这款开发组件的使用方法。读者可以从下面地址下载 wx-charts 的源代码。

https://github.com/xiaolin3303/wx-charts

21.1 曲线图

曲线图被绘制在一个二维的坐标系中，一般横坐标表示时间，纵坐标表示销售额或其他表示完成程度的数值，效果如图 21-1 所示。

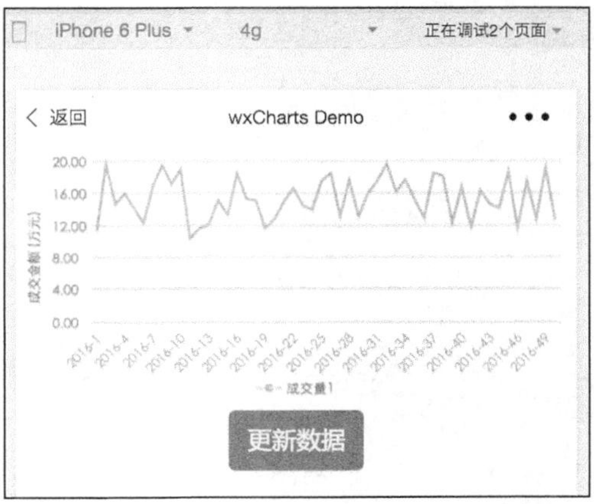

▲图 21-1　曲线图

wx-charts 组件是一个 js 文件（wxcharts.js），只要在小程序工程中导入并引用这个 js 文件即可。

用来绘制曲线图的布局代码如下：

```
<view class="container">
    <canvas canvas-id="lineCanvas" class="canvas"></canvas>
    <button type="primary" bindtap="updateData">更新数据</button>
</view>
```

曲线图需要绘制在<canvas>组件上，wx-charts 组件在绘制图表之前，需要通过 canvas-id 与<canvas>绑定，完整的绘制曲线图的代码如下：

```
//  引用 wx-charts 组件，wxCharts 为导出的组件变量
var wxCharts = require('../../../utils/wxcharts.js');
var app = getApp();
var lineChart = null;
Page({
    data: {
    },
    //  生成模拟数据
    createSimulationData: function () {
        var categories = [];
        var data = [];
        for (var i = 0; i < 50; i++) {
            categories.push('2016-' + (i + 1));
            data.push(Math.random()*(20-10)+10);
        }

        return {
            categories: categories,
            data: data
        }
},
//  单击"更新数据"按钮时重新参数模拟数据，更新图表
    updateData: function () {
        var simulationData = this.createSimulationData();
        var series = [{
            name: '成交量 1',
            data: simulationData.data,
            format: function (val, name) {
                return val.toFixed(2) + '万';
            }
        }];
        lineChart.updateData({
            categories: simulationData.categories,
            series: series
        });
    },
    onLoad: function (e) {
        var windowWidth = 320;
        try {
            var res = wx.getSystemInfoSync();
            windowWidth = res.windowWidth;
        } catch (e) {
            console.error('getSystemInfoSync failed!');
        }

        var simulationData = this.createSimulationData();
        //  页面装载时创建 wxCharts 对象，并指定相应的属性，以便绘制曲线图
        lineChart = new wxCharts({
            canvasId: 'lineCanvas',
            type: 'line',
            categories: simulationData.categories,
            animation: false,
            background: '#f5f5f5',
            series: [{
                name: '成交量 1',
                data: simulationData.data,
                format: function (val, name) {
                    return val.toFixed(2) + '万';
                }
            }],
            xAxis: {
                disableGrid: true
            },
            yAxis: {
                title: '成交金额 (万元)',
                format: function (val) {
```

```
                    return val.toFixed(2);
                },
                min: 0
            },
            width: windowWidth,
            height: 200,
            dataLabel: false,
            dataPointShape: false
        });
    }
});
```

21.2 柱状图

柱状图的效果如图 21-2 所示。在实际显示的过程中，柱状图的每一个立柱是以动画方式显示的（逐渐往上升）。

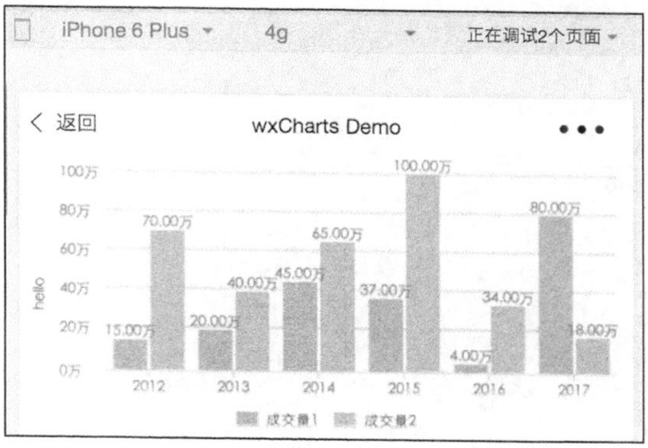

▲图 21-2　柱状图

显示柱状图的布局代码如下：

```
<view class="container">
    <canvas canvas-id="columnCanvas" class="canvas"></canvas>
</view>
```

完整的绘制柱状图的代码如下：

```
var wxCharts = require('../../../utils/wxcharts.js');
var app = getApp();
Page({
    data: {
    },

    onReady: function (e) {
        var windowWidth = 320;
        try {
          var res = wx.getSystemInfoSync();
          windowWidth = res.windowWidth;
        } catch (e) {
          console.error('getSystemInfoSync failed!');
        }
        //  开始绘制柱状图
        new wxCharts({
```

```
            canvasId: 'columnCanvas',
            type: 'column',
            animation: true,
            categories: ['2012', '2013', '2014', '2015', '2016', '2017'],
            series: [{
                name: '成交量 1',
                data: [15, 20, 45, 37, 4, 80],
                format: function (val, name) {
                    return val.toFixed(2) + '万';
                }
            }, {
                name: '成交量 2',
                data: [70, 40, 65, 100, 34, 18],
                format: function (val, name) {
                    return val.toFixed(2) + '万';
                }
            }],
            yAxis: {
                format: function (val) {
                    return val + '万';
                },
                title: 'hello'
            },
            xAxis: {
                disableGrid: false,
                type: 'calibration'
            },
            width: windowWidth,
            height: 200,
        });
    }
});
```

21.3 饼状图

饼状图的效果如图 21-3 所示。

显示饼状图的布局代码如下：

```
<view class="container">
    <canvas canvas-id="pieCanvas" class="canvas" style="height:300px"></canvas>
</view>
```

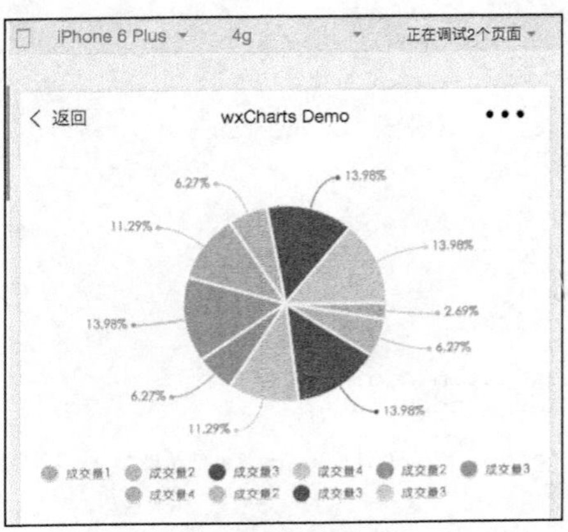

▲图 21-3　饼状图

完整的绘制饼状图的代码如下：

```
var wxCharts = require('../../../utils/wxcharts.js');
var app = getApp();
Page({
    data: {
    },
    onLoad: function (e) {
        var windowWidth = 320;
        try {
            var res = wx.getSystemInfoSync();
            windowWidth = res.windowWidth;
        } catch (e) {
            console.error('getSystemInfoSync failed!');
        }
        //  开始绘制饼状图
        new wxCharts({
            animation: true,
            canvasId: 'pieCanvas',
            type: 'pie',
            series: [{
                name: '成交量1',
                data: 15,
            }, {
                name: '成交量2',
                data: 35,
            }, {
                name: '成交量3',
                data: 78,
            }, {
                name: '成交量4',
                data: 63,
            }, {
                name: '成交量2',
                data: 35,
            }, {
                name: '成交量3',
                data: 78,
            }, {
                name: '成交量4',
                data: 63,
            }, {
                name: '成交量2',
                data: 35,
            }, {
                name: '成交量3',
                data: 78,
            }, {
                name: '成交量3',
                data: 78,
            }],
            width: windowWidth,
            height: 300,
            dataLabel: true,
        });
    }
});
```

21.4 环形图

环形图的效果如图 21-4 所示。

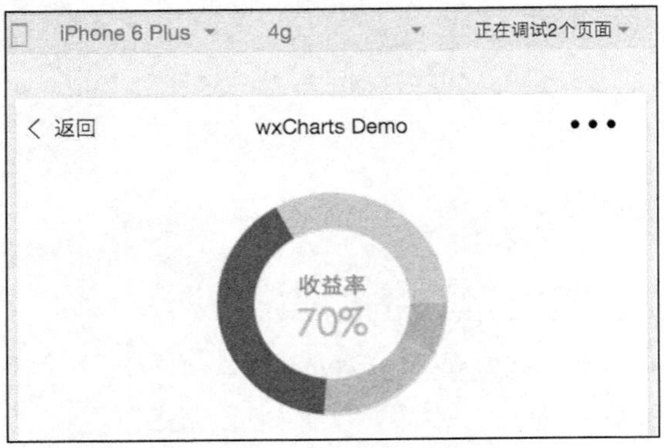

▲图 21-4　环形图

显示环形图的布局代码如下：

```
<view class="container">
    <canvas canvas-id="ringCanvas" class="canvas"></canvas>
</view>
```

绘制环形图完整的代码如下：

```
var wxCharts = require('../../../utils/wxcharts.js');
var app = getApp();
var ringChart = null;
Page({
    data: {
    },
    onReady: function (e) {
        var windowWidth = 320;
        try {
            var res = wx.getSystemInfoSync();
            windowWidth = res.windowWidth;
        } catch (e) {
            console.error('getSystemInfoSync failed!');
        }
        //  开始绘制环形图
        ringChart = new wxCharts({
            animation: true,
            canvasId: 'ringCanvas',
            type: 'ring',
            extra: {
                ringWidth: 25
            },
            title: {
                name: '70%',
                color: '#7cb5ec',
                fontSize: 25
            },
            subtitle: {
                name: '收益率',
                color: '#666666',
                fontSize: 15
            },
            series: [{
                name: '成交量 1',
                data: 15,
```

```
                stroke: false
            }, {
                name: '成交量 2',
                data: 35,
                 stroke: false
            }, {
                name: '成交量 3',
                data: 78,
                stroke: false
            }, {
                name: '成交量 4',
                data: 63,
                 stroke: false
            }],
            disablePieStroke: true,
            width: windowWidth,
            height: 200,
            dataLabel: false,
            legend: false,
            padding: 0
        });
        ringChart.addEventListener('renderComplete', () => {
            console.log('renderComplete');
        });
        setTimeout(() => {
            ringChart.stopAnimation();
        }, 500);
    }
});
```

21.5 面积图

显环形图的布局代码如下：

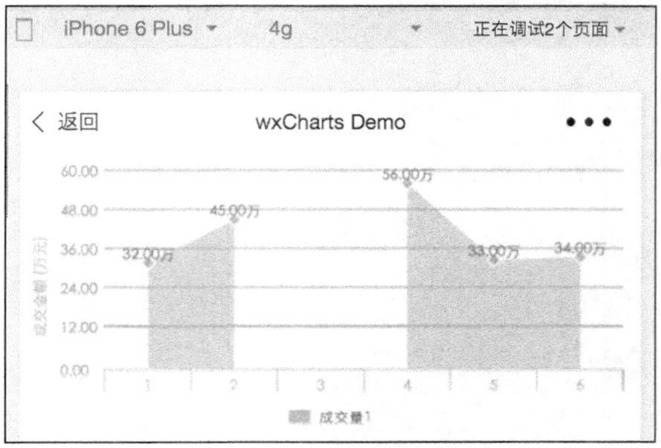

▲图 21-5　面积图

显示面积图的布局代码如下：

```
<view class="container">
    <canvas canvas-id="areaCanvas" class="canvas"></canvas>
</view>
```

绘制面积图完整的代码如下：

```
var wxCharts = require('../../../utils/wxcharts.js');
var app = getApp();
Page({
    data: {
    },
    onLoad: function (e) {
        var windowWidth = 320;
        try {
          var res = wx.getSystemInfoSync();
          windowWidth = res.windowWidth;
        } catch (e) {
          console.error('getSystemInfoSync failed!');
        }
        //  开始绘制面积图
        new wxCharts({
            canvasId: 'areaCanvas',
            type: 'area',
            categories: ['1', '2', '3', '4', '5', '6'],
            animation: true,
            series: [{
                name: '成交量 1',
                data: [32, 45, null, 56, 33, 34],
                format: function (val) {
                    return val.toFixed(2) + '万';
                }
            }],
            yAxis: {
                title: '成交金额 (万元)',
                format: function (val) {
                    return val.toFixed(2);
                },
                min: 0,
                fontColor: '#8085e9',
                gridColor: '#8085e9',
                titleFontColor: '#f7a35c'
            },
            xAxis: {
                fontColor: '#7cb5ec',
                gridColor: '#7cb5ec'
            },
            width: windowWidth,
            height: 200
        });
    }
});
```

21.6 小结

本章给出的例子是对 wx-charts 组件基本功能的演示，利用本章给出的 demo 代码，读者可以熟练运用 wx-charts 组件为自己的小程序添加更高级的图表功能。

欢迎来到异步社区！

异步社区的来历

异步社区（www.epubit.com.cn）是人民邮电出版社旗下 IT 专业图书旗舰社区，于 2015 年 8 月上线运营。

异步社区依托于人民邮电出版社 20 余年的 IT 专业优质出版资源和编辑策划团队，打造传统出版与电子出版和自出版结合、纸质书与电子书结合、传统印刷与 POD 按需印刷结合的出版平台，提供最新技术资讯，为作者和读者打造交流互动的平台。

社区里都有什么？

购买图书

我们出版的图书涵盖主流 IT 技术，在编程语言、Web 技术、数据科学等领域有众多经典畅销图书。社区现已上线图书 1000 余种，电子书 400 多种，部分新书实现纸书、电子书同步出版。我们还会定期发布新书书讯。

下载资源

社区内提供随书附赠的资源，如书中的案例或程序源代码。

另外，社区还提供了大量的免费电子书，只要注册成为社区用户就可以免费下载。

与作译者互动

很多图书的作译者已经入驻社区，您可以关注他们，咨询技术问题；可以阅读不断更新的技术文章，听作译者和编辑畅聊好书背后有趣的故事；还可以参与社区的作者访谈栏目，向您关注的作者提出采访题目。

灵活优惠的购书

您可以方便地下单购买纸质图书或电子图书，纸质图书直接从人民邮电出版社书库发货，电子书提供多种阅读格式。

对于重磅新书，社区提供预售和新书首发服务，用户可以第一时间买到心仪的新书。

用户帐户中的积分可以用于购书优惠。100 积分 =1 元，购买图书时，在 0 使用积分 里填入可使用的积分数值，即可扣减相应金额。

特别优惠

购买本书的读者专享异步社区购书优惠券。

使用方法：注册成为社区用户，在下单购书时输入 S4XC5 使用优惠码，然后点击“使用优惠码”，即可在原折扣基础上享受全单9折优惠。（订单满39元即可使用，本优惠券只可使用一次）

纸电图书组合购买

社区独家提供纸质图书和电子书组合购买方式，价格优惠，一次购买，多种阅读选择。

社区里还可以做什么？

提交勘误

您可以在图书页面下方提交勘误，每条勘误被确认后可以获得100积分。热心勘误的读者还有机会参与书稿的审校和翻译工作。

写作

社区提供基于 Markdown 的写作环境，喜欢写作的您可以在此一试身手，在社区里分享您的技术心得和读书体会，更可以体验自出版的乐趣，轻松实现出版的梦想。

如果成为社区认证作译者，还可以享受异步社区提供的作者专享特色服务。

会议活动早知道

您可以掌握 IT 圈的技术会议资讯，更有机会免费获赠大会门票。

加入异步

扫描任意二维码都能找到我们：

异步社区	微信服务号	微信订阅号	官方微博	QQ 群：436746675

社区网址：www.epubit.com.cn

投稿 & 咨询：contact@epubit.com.cn